Rhetorik Training

Die Kunst der Kommunikation lernen. Mit gezielten rhetorischen Techniken selbstbewusst und schlagfertig Reden, Kommunizieren und Überzeugen. (Ausstrahlung, Gestik, Mimik, Körpersprache, Stimme, Überzeugungskraft, Kommunikation)

Tim Lange

Ein Ratgeber zur Kunst des Redens

1. Einleitung

Überzeugen möchten eigentlich alle – aber nur Wenige können es. Woran liegt es sonst, dass Menschen, die ihre Meinung oder auch einfache Tatsachen gut darstellen können, eigentlich immer positiv auffallen? Der Schlüssel zu dieser Art der Überzeugung ist die Kunst der Rhetorik. Wenige beherrschen diese Kunst intuitiv – die meisten müssen sie lernen. Ein praktischer Helfer dazu kann dieses Buch sein.

Denn wir brauchen rhetorische Fähigkeiten heutzutage so gut wie in allen Lebensbereichen, die uns wichtig sind: Beim Vorstellungsgespräch kann ein sicheres Auftreten entscheidender sein, als jede noch so ausgesuchte Qualifikation. Wer eine Präsentation bei der Arbeit oder an einer Hochschule halten möchte, muss über gewisse Fähigkeiten verfügen, um den Vortrag ansprechend zu gestalten, so interessant das Thema auch sein mag. Und darüber hinaus gehört das richtige Präsentieren heute zu den sogenannten Schlüsselqualifikationen, die unabhängig vom Berufsfeld so gut wie überall gefragt sind.

Aber selbst im Privatleben ist die Kunst der Rede von hoher Bedeutung: Wer möchte nicht durch klare Argumentation von vornherein unnötigen Streit mit seinen Nächsten vermeiden? Auch der richtige Ton kann im Zusammenspiel mit dem Partner oder der Partnerin wichtiger sein, als die beste Absicht allein. Und besonders, wer Kinder hat, weiß, dass bloße Befehle oft Stress und lange Diskussionen nach sich ziehen. Ein bisschen Überredungskunst kann hier manchmal Gold wert sein und erspart eine große Menge an Zeit, aber vor allem auch überflüssigen Ärger.

Es ist also nicht entscheidend, warum Sie dieses Buch zur Hand nehmen – helfen kann es Ihnen in den verschiedensten Lebenslagen. Ob Sie bei Vorgesetzten stärker auftreten möchten, Ihre Kollegen gern auch mal mit einem tollen Vortrag begeistern wollen, bei einer Feier eine Ansprache halten müssen, verbalen Auseinandersetzungen nicht mehr aus dem Weg gehen, Streit besser schlichten möchten, oder einfach besser und sicherer kommunizieren wollen – das nötige Wissen über die Kunst der Rhetorik, aber besonders auch das entsprechende Können wird Ihnen dabei auf jeden Fall weiterhelfen.

Für diesen Ratgeber sind keine Grundkenntnisse nötig, Sie können ihn also gern, beziehungsweise gerade dann auch nutzen, wenn Sie sich zuvor noch nie mit dem Thema Rhetorik beschäftigt haben. Auch wenn Sie Ihre Kenntnisse darüber auffrischen wollen, wie eine mündliche Rede am besten zu gestalten ist, können Sie auf jeden Fall dieses Buch zur Hand nehmen. Es ist aber auch geeignet dafür, einfach eine neue Sicht auf das Thema zu erhalten, oder theoretische Kenntnisse auch einmal mit praktischen Übungen zu verbinden. Umgekehrt können Sie sich mit dem vorliegenden Ratgeber aber auch die Regeln und Gesetze deutlich machen, die nicht nur bei großen Reden, sondern im Prinzip bei fast jedem längeren Sprechen eine Rolle spielen.

Um maximal von diesem Buch und seinen Inhalten profitieren zu können, sollten Sie es aber nicht nur lesen, sondern auch die enthaltenen Übungen durchführen. Nehmen Sie sich gesondert Zeit für diese Übungen. Je nach Ihrer Sorgfalt und Arbeitsweise kann die Arbeitszeit länger oder kürzer ausfallen. Achten Sie bitte darauf, dass die Kapitel, aber besonders auch die Übungen aufeinander aufbauen. Lesen Sie jeweils ein Kapitel und machen Sie im Anschluss die entsprechenden Übungen. Auch, wenn Sie das neu erworbene Wissen und Können im Alltag anwenden werden – das Hauptaugenmerk wird darauf liegen, Sie auf eine richtige Rede (oder einen Vortrag) vorzubereiten.

Im Verlaufe der Beschäftigung mit diesem Ratgeber werden Sie also nicht nur über Rhetorik lernen, sondern sie auch richtig trainieren. Damit sicher ist, dass diese Übungen auch aufeinander aufbauen und zu einem Ziel führen, wird sich eine Übung je Kapitel immer auf die Vorbereitung einer Rede beziehen, die Sie halten werden. Eine Art „Abschlussprüfung“, auf die Sie mit den Übungen hinausarbeiten. Es ist sicher, dass Sie durch das sorgfältige Durchführen aller dieser Übungen am Ende bestens vorbereitet sein werden, Ihre Rede zu halten.

Ihre Rede kann ein Vortrag sein, den Sie schon lange halten müssen, aber auch eine Präsentation bei der Arbeit oder an der Hochschule, die Sie ohnehin machen sollen. Es kann aber auch eine Festrede sein, oder eine Rede, die Sie zur Unterhaltung schreiben, um Ihren Freunden zu zeigen, welche Fortschritte Sie gemacht haben. Wichtig ist, dass vorher feststeht, dass Sie den Vortrag halten werden, dass ein bestimmter Termin dafür vorgesehen ist, und dass Sie die Rede vor einem Publikum von mindestens drei Personen halten.

Sie können gern die nächsten Kapitel lesen, bevor Sie alle Übungen gemacht haben, wenn Sie möchten, oder neugierig sind. Jedoch sollten Sie die Übungen nicht ausprobieren, bevor Sie das entsprechende Kapitel gelesen und verstanden haben. Grundsätzlich ist es also am besten, das Buch einfach von vorn bis hinten durchzunehmen. Legen Sie gern zwischendurch ein paar Tage Pause ein, aber nicht mehr als eine Woche, damit das Gelernte frisch bleibt.

Wenn Sie die Fragen bei einer Übung nicht beantworten können, sehen Sie sich das entsprechende Kapitel einfach noch einmal an. Einige der Aufgaben sind sicherlich eine Herausforderung, aber sie werden Sie sicherlich auch unterhalten und Ihnen nicht nur zeigen, wie die Inhalte der Kapitel in der Praxis aussehen, sondern Ihnen wohl auch vor Augen führen, welche vielleicht auch ungeahnten Fähigkeiten in Ihnen stecken!

Im *zweiten Kapitel* wird beschrieben, was wir heute noch aus den Ursprüngen der Kunst der Rhetorik lernen können. Welche Arten der Rede gibt es, und was muss ich bei der Vorbereitung einer Rede besonders beachten? Wie gewinne ich grundsätzlich Aufmerksamkeit und Interesse? Welche unterschiedlichen rhetorischen Stilmittel gibt es, und wie wende ich sie an? Welche Stilmittel sind für welche Art der Rede geeignet? Es wird dabei gesondert darauf geachtet, welche Stilmittel heute noch zeitgemäß sind.

Im *dritten Kapitel* geht es darum, wie eine Rede grundsätzlich aufgebaut ist, und was das Ziel von jedem dieser Bestandteile ist. Wie gelingt eine Begrüßung zu Beginn einer Rede? Mit welchen unterschiedlichen Mitteln können Sie Interesse beim Publikum wecken, und unter welchen Bedingungen ist das nötig? Wie geben Sie den Zuhörenden einen klaren Weg vor, und was müssen Sie beachten, wenn Sie den Aufbau Ihrer Rede gestalten? Auch die Frage, welche unterschiedlichen Möglichkeiten es gibt, ein Thema strukturell zu präsentieren, wird beantwortet. Zuletzt wird natürlich auch erläutert, was der Schluss einer Rede im besten Fall leistet, und wie er Ihnen besonders gut gelingt.

Im *vierten Kapitel* wird zunächst erklärt, warum Argumente so wichtig sind – selbst, wenn Sie gar nicht glauben, argumentieren zu müssen. Im Anschluss wird mithilfe eines Beispiels erklärt, woraus ein Argument logisch gesehen besteht. Es wird darauf hingewiesen, dass Argumente im Grunde kaum je vollständig sind, und warum. Anhand eines weiteren Beispiels wird ausführlich erläutert, wie man Argumente vervollständigen kann, und welche Vorteile das für die Überzeugungskraft hat. Was sind eigentlich versteckte Argumente, und wie kann man sie sichtbar machen? Wie funktioniert ein Gegenargument, und wie kann ich die Schwächen eines Arguments angreifen oder beseitigen? Wie sollte ich grundsätzlich an einen Austausch von Argumenten herangehen? All diese Fragen beantwortet das Kapitel.

Im *fünften Kapitel* wird erklärt, worauf Sie beim Nutzen Ihrer Stimme besonders achten müssen, um Aufmerksamkeit zu erzeugen. Wie sollten Sie auf keinen Fall sprechen? Wie sollten Sie die Höhe und Tiefe Ihrer Stimme nutzen? Was ist das richtige Sprechtempo, und welche Wirkung hat Schnelleres, welche hat langsameres Sprechen? Welche Fehler gilt es in Bezug auf die Lautstärke zu vermeiden? Wie setzen Sie die Kraft Ihrer Stimme am effektvollsten ein, und wie und wann betonen Sie Textstellen? Außerdem wird geklärt, worauf Sie beim Sprechen in Bezug auf den Tonfall achten müssen, und wie Sie Pausen in einer Rede ganz besonders gut nutzen können.

Zuletzt beschäftigt sich das *sechste Kapitel* mit Gestik und Mimik. Worauf müssen Sie achten, um eine gute Körpersprache zu haben? Wie befördern Sie, dass Gesten beim Sprechen ganz von selbst kommen? Welche Gesten und Körperhaltungen sollte ich unter allen Umständen vermeiden? Welche Rolle spielt der Gesichtsausdruck des Vortragenden bei der Rede? Wie können Sie Ihren Blick nutzen, um für größere Aufmerksamkeit und Vertrautheit zu sorgen? Zuletzt geht es auch darum, welche Vorteile es hat, das Publikum „im Blick zu behalten“.

2. Vorbereitung einer Rede

2.1 Die Bühne bereiten

Die Kunst der Rhetorik wurde bereits in der Antike von den alten Griechen begründet und von den Römern weitergeführt. Noch heute können wir viel von diesen Ursprüngen lernen. Zum Beispiel unterschied Aristoteles in seinem berühmten Buch über die Rhetorik drei Typen der Rede – eine Unterscheidung, die noch bis heute relevant ist:

- Die Gerichtsrede: Eine Rede, bei der vor einem urteilenden Publikum sachlich für oder gegen etwas zu argumentiert wird.
- Die politische Rede: Eine Meinungsrede, die das Publikum antreibt, oder eine Beratungsrede, die Ratschläge für den richtigen Weg gibt.
- Die Festrede: Eine Rede zu einer Feier oder Trauerfeier, die gefühlsbetont ist und die Menschen mit dem Gesagten vor allem innerlich berühren soll.

Wie Sie sich denken können, verwischt diese scheinbar strikte Trennung in der Praxis häufig. Auch eine rein sachbetonte Rede muss beim Vortrag zu einem bestimmten Grad das Publikum auch emotional ansprechen. Eine politische Rede profitiert von Sachargumenten und emotionalen Akzenten, und auch eine Festrede hört sich besser an, wenn Sie nicht nur das Gefühl anspricht, sondern auch eine Meinung vertritt oder Ratschläge für das Leben enthält. Die Unterscheidung ist aber hilfreich, damit Sie sich darüber klar werden können, was genau der Anlass Ihrer Rede ist, und zu welchem Grad Sie auf welche Mittel zurückgreifen sollten.

Für die Vorbereitung auf Ihre Rede ist es allerdings nicht nur wichtig, das Ziel Ihrer Rede zu kennen. Es ist von herausragender Bedeutung, sich auf allen Ebenen mit dem „Terrain“ das sie betreten, bekannt zu machen: Auf inhaltlicher Ebene sollten Sie mit Ihrem Thema völlig vertraut sein, auf der Vortragsebene sollten Sie mit Ihrem Text und der Art, wie Sie ihn darstellen möchten, besonders gut vorbereitet sein. Das heißt nicht, dass Sie unbedingt alles auswendig lernen müssen. Es ist meist weniger aufwendig, ein Skript zu benutzen, aber das sollten Sie so gut kennen, dass ein kurzer Blick stets genügt, um Sie daran zu erinnern, was als Nächstes kommt.

Aber Thema und Skript sind nicht die einzigen Ebenen, auf denen sie sich vorbereiten müssen: Dazu kommt, dass Sie sich bewusst machen müssen, zu welchem Anlass und Publikum Sie sprechen. Oft funktioniert das fast von selbst, da Sie mit dem Anlass und den Zuhörenden bereits vertraut sind. Es gibt aber Situationen, in denen Sie Ihr Publikum nicht kennen, und gerade in diesen Situationen ist es wichtig, den Anlass möglichst genau zu kennen.

Zu guter Letzt gibt es aber noch eine vierte Ebene, mit der Sie sich möglichst eine Weile vor Ihrer Rede beschäftigen sollten: Dies ist wortwörtlich ein Terrain, das Sie betreten, denn es handelt sich um den Raum, in dem Sie die Rede halten sollen. Machen Sie sich vorher bewusst, von wo Sie den Raum betreten, wann Sie nach vorn kommen, wie groß der Raum ist, ob Sie ein Mikrofon und ein Podium zur Verfügung haben oder nicht. Falls Sie eine Präsentation halten, gibt es Dutzende kleine technische Details, auf die sie zusätzlich achten müssen. Nichts davon sollte Ihnen im Wege stehen, wenn Sie wirklich Ihre Rede halten.

Machen Sie sich also möglichst in dieser Reihenfolge mit dem Terrain vertraut, dass Sie betreten:

- Publikum und Anlass
- Raum und technische Bedingungen
- Thema
- Skript

Mit der richtigen Vorbereitung auf Ihren Auftritt erreichen Sie mehrere Dinge auf einmal: Zunächst einmal zeigen Sie Kompetenz und auch Respekt, indem Sie erkennen lassen, dass Sie den Anlass und das Publikum kennen. Indem Sie mit dem Thema vertraut sind, können Ihnen Rück- und Zwischenfragen, Bemerkungen, Widerrede, etc. weniger anhaben, wenn Sie nur ausreichend gut mit Ihrem Thema vertraut sind – im Gegenteil, Sie können sie sogar voraussehen oder einplanen und für sich nutzen!

Die Vertrautheit mit dem Skript sorgt dafür, dass Sie sich besser darauf konzentrieren können, den Vortrag attraktiv zu gestalten, was wiederum für einen Aufmerksamkeitsbonus sorgen wird. Auf der anderen Seite gehen Sie sicher, dass es keine technischen oder akustischen Probleme gibt, und Sie können so entspannt, wie es der Anlass und Ihr Temperament zulassen, die Herausforderung angehen.

2.2 Praktische Gestaltung der Rede

Was sollte das oberste Ziel beim Vortragen einer Rede sein? Viele würden behaupten, es sei am wichtigsten, mit gut strukturierten inhaltlichen Punkten Interesse für das Thema beim Publikum zu wecken. Andere sagen vielleicht, es sei am wichtigsten, mit rhetorischen Mitteln besonders hohe Aufmerksamkeit zu erreichen. Beides – Interesse und Aufmerksamkeit des Publikums – ist unbestreitbar wichtig, aber es gibt einen Faktor, der viel wichtiger ist, da er unter anderem das Interesse und die Aufmerksamkeit Ihres Publikums besonders stark beeinflusst. Dieser Faktor ist die Frage, wie viel Ihr Publikum von dem versteht, was Sie sagen (und zwar mit und ohne Worte).

Die Verständlichkeit ist deshalb so wichtig, da Sie beim Sprechen im Kern immer eine Botschaft senden wollen – selbst wenn Sie eine rein emotionale Festrede halten (siehe auch Kapitel 4). Diese Botschaft muss ankommen, und der einzige Schlüssel dazu ist Verständlichkeit. Darüber hinaus ist es offensichtlich, dass die interessiertesten Zuschauer früher oder später jeden Willen verlieren, Ihnen aufmerksam zuzuhören, wenn sie die Botschaft Ihrer Rede nicht verstehen. Umgekehrt nützt Ihnen das aufmerksamste Publikum ebenfalls nichts, wenn Sie nicht verständlich genug sind, denn dann schwindet schnell das Interesse, und damit auch die Aufmerksamkeit.

Ihr oberstes Ziel beim Vortragen sollte daher immer Verständlichkeit sein. Dies heißt aber viel mehr, als nur deutlich zu sprechen. Kaum zu unterschätzen ist Ihr ernsthafter Versuch, sich in die Rolle der Zuhörenden hineinzuversetzen und vorher schon zu merken, worauf Sie achten müssen, um verständlich zu bleiben. So gut Sie auch vortragen, es ist immer möglich, dass etwas nicht verstanden oder missverstanden wird. Das Problem bei Nichtverstehen ist, dass es fast schneeballartig immer größer werden kann: Verstehen die Zuhörenden ein Wort nicht, kann es sein, dass daher der ganze Satz unverständlich für sie ist. Verstehen Sie den einen Satz nicht, wird auch der folgende Satz schwierig, das macht dann gegebenenfalls den ganzen Abschnitt unverständlich, und so weiter.

Bei Nichtverstehen kann immer nachgefragt werden. Sie sollten, bis auf seltene Ausnahmen grundsätzlich während des Vortrags bei Ihrem Publikum den Eindruck erwecken, dass Sie durch Zwischenfragen nicht gestört werden – im Zweifelsfalle erklären Sie dies zuvor. Zwischenfragen können zwar den Fluss Ihres Vortrags stören, aber Unklarheiten beseitigen. Missverständnisse sind daher im Prinzip noch schlechter als einfaches Unverständnis, da bei Nichtverstehen immer nachgefragt werden kann. Bei Missverständnissen wird meist nicht gefragt, da ja etwas „verstanden" wurde, auch wenn es das Falsche ist. Es gibt daher einige goldene Regeln, die Ihnen helfen, sich besonders gut verständlich zu machen.

Eine erste goldene Regel ist es, alle besonders wichtigen Punkte in Ihrem Vortrag zu betonen. Das können Sie tun, indem Sie auf Mittel wie Ihre Stimme und Gestik (siehe Kapitel 5 und 6) zurückgreifen. Wenn Sie in diesem Bereich noch nicht besonders fortgeschritten sind oder es wirklich absolut eindeutig machen wollen, sollten Sie besonders wichtige Aussagen einfach als solche ankündigen oder sprachlich auf eine andere Weise hervorheben.

Die zweite goldene Regel zum besseren Verstehen des Publikums ist es schlicht, keine umständlichen Formulierungen zu verwenden. Vermeiden Sie allzu lange Sätze! Selbst, wenn Sie der Meinung sind, ein langer Satz sei einfach zu lesen. Dasselbe gilt nicht unbedingt, wenn er gesprochen wird. Verzichten Sie also ganz auf sogenannte Balken- und Schachtelsätze. Oft verleitet auch das Bedürfnis, genau zu sein, dazu, viele Einschränkungen in Ihre Sätze einzubauen („unter Umständen", „meistens", „unter normalen Bedingungen", „im Allgemeinen"). Streichen Sie diese, wenn Sie nicht wirklich wichtig sind, an der entsprechenden Stelle, meist lassen diese Formulierungen Sie auch unsicher wirken. Streichen Sie alle komplizierten Einfügungen. Bilden Sie einfach einen neuen Satz, wenn etwas unbedingt noch genannt werden muss.

Unterschätzt wird von vielen Vortragenden auch, dass das Publikum immer erst einmal davon ausgehen wird, eine Aussage oder eine Meinung sei Ihre. Wenn Sie also andere Personen zitieren – selbst im privaten Bereich – und das nicht deutlich wird, kann das Ihre Botschaft vollkommen verzerren oder Ihr Publikum verwirren. Bei Meinungsfragen wird etwa gern einmal der Gegner zitiert, um auf eine Schwäche in der Argumentation aufmerksam zu machen. Ist den Zuhörenden nicht klar, dass Sie sich auf das Argument des Gegners beziehen, fällt Ihr Gegenargument völlig ins Wasser.

Eine dritte goldene Regel für die Verständlichkeit Ihres Vortrages ist es daher, Zitate immer als solche zu kennzeichnen. Seien Sie ruhig so genau wie möglich, und nennen Sie nicht nur die Person, von der das Zitat stammt, sondern auch das Datum (es genügt meist das Jahr) und, wenn Sie sich daran erinnern, auch den Anlass, zu dem es gesagt wurde oder die Quelle, in der Sie es gelesen haben. Das wirkt nicht nur seriöser, es macht es auch einfach deutlicher, selbst für jene, die den Namen nicht mitbekommen haben, dass es sich nicht um Ihre eigene Aussage handelt.

So sonderbar es auch auf den ersten Blick erscheinen mag, diese Regel gilt für wissenschaftliche Vorträge ebenso, wie für Festreden. Denn gerade bei einem feierlichen Anlass steigert es Ihre Überzeugungskraft ungemein, wenn Sie zum Beispiel Anwesende zitieren oder Menschen, die alle Zuhörenden kennen. Auch den Anlass und Zeitpunkt des Zitats zu nennen, erzeugt eine größere Verbundenheit mit dem Publikum, da Ihre Worte nicht mehr „aus der Luft gegriffen" scheinen, sondern auf etwas fußen, das sich alle vorstellen können, oder das ihnen sogar vertraut ist.

Die vierte goldene Regel besagt, dass Sie so wenige Fremdwörter wie möglich nutzen sollten. Manche glauben, dass es sie besonders auszeichnet, wenn sie Begriffe verwenden, die nicht jeder auf Anhieb versteht. Diese Menschen vergessen dabei, dass es wichtiger ist, dass ihre Botschaft ankommt. Selbst als Professor oder Professorin an einer Universität sollte Ihr Ziel immer sein, Ihre Vorlesungen verständlich zu gestalten. Was haben die armen Studierenden sonst von Ihrem herausragenden Wissen? Wenn Sie also Fremdwörter und Fachbegriffe verwenden, erläutern Sie diese immer sofort mit einer Definition.

Hier also die goldenen Regeln der Verständlichkeit noch einmal im Überblick:

- Betonen wichtiger Punkte
- einfache Sätze und Formulierungen
- Kennzeichnen von Zitaten
- seltenes Nutzen und sofortiges Erklären von Fremdwörtern

Auch das Erregen von Aufmerksamkeit dient nebenbei zur besseren Verständlichkeit (siehe auch das folgende Unterkapitel sowie Kapitel 5 und 6), denn ein aufmerksames Publikum versteht eher, was Sie sagen. Gestalten Sie Ihren Vortrag abwechslungsreich. Nur so können Sie Ihr Publikum wortwörtlich mitnehmen. Versetzen Sie sich an die Stelle der Zuhörenden, indem

Sie zum Beispiel Fragen stellen, die Sie dann natürlich auch beantworten, sonst fühlt sich das Publikum nicht ernst genommen oder veralbert. Berechtigte Zweifel an Ihren Thesen, die Ihnen selbst einfallen, sollten Sie immer nennen – allerdings nur, wenn Sie diese dann im Anschluss auslöschen (die sogenannte *Prolepsis*, siehe folgendes Kapitel). Dies macht das Zuhörenden zu Teilnehmenden an einem Denkprozess.

2.3 Rhetorische Stilmittel

Rhetorische Stilmittel (auch rhetorische Figuren genannt), sind inzwischen beinahe zweitausend Jahre alt und wurden bereits von den alten Griechen entwickelt. An der richtigen Stelle platziert, kann schon ein einzelnes Stilmittel beeindruckend wirken, und das Publikum für Sie einnehmen. Das heißt aber eben auch, dass Sie diese Stilmittel bewusst nutzen und nicht einfach nur Ihren Vortrag mit möglichst vielen davon anhäufen sollen. Nichts ist peinlicher, als eine Reihe aufeinanderfolgender Versuche, Ihre Zuschauer zu beeindrucken, die missglücken – den Meisten fiele es schwer, das Skript zu ändern, wenn sie merken, dass etwas nicht „zündet".

Probieren Sie also verschiedene Stilmittel vorsichtig aus, indem Sie sie zum Beispiel in kleinem Rahmen oder unter Freunden einsetzen. Pirschen Sie sich langsam an die Beherrschung verschiedener Stilmittel heran, indem Sie zunächst nur eines oder zwei pro Vortrag, Rede oder Ansprache bewusst einsetzen. Testen Sie die Wirkung auf das Publikum, merken Sie sich, welche in welchem Zusammenhang funktioniert haben, und probieren Sie das nächste Mal andere aus. Seien Sie auch eher vorsichtig, einfach aufs Geratewohl ein Stilmittel aus einer Liste herauszusuchen. Einige dieser Stilmittel haben nämlich eine dramatisierende Wirkung, die in sachliche Zusammenhänge schlecht hineinpasst.

So manche haben sich tatsächlich seit der Antike immer wieder bewährt. Selbst heute treffen wir ständig auf sie, besonders in der Werbesprache und im Journalismus. Einige sind Sie selbst sicherlich schon derart gewohnt, dass Sie es gar nicht einmal bemerken, wenn Sie darauf treffen, oder sie selbst einsetzen. Andere können, außer in sehr speziellen Zusammenhängen, altertümlich klingen. Genauso kann es aber passieren, dass ein zu starker Fokus auf bestimmte Stilmittel zu sehr nach einer effektheischenden Werbesprache klingen kann, sodass sich die Zuschauenden nicht ernst genommen fühlen könnten.

Seien Sie sich also besonders dessen bewusst, welchen Zweck das rhetorische Stilmittel hat, wenn Sie es einsetzen. Es wird in diesem Buch darauf verzichtet, eine lange Liste an Stilmitteln zu machen, die gegebenenfalls eher verwirrend wirkt. Stattdessen werden einzelne rhetorische Figuren ausgesucht und vor allem in Bezug auf ihre Wirkungsweise beschrieben. Je nachdem, ob Ihre Rede, oder auch die entsprechende Stelle in der Rede einen aufrüttelnden, einen festlichen, oder einen sachlichen Charakter hat, werden folgende rhetorische Stilmittel empfohlen, mit denen Sie eine große Wirkung erzielen können, wenn Sie sie an der richtigen Stelle einsetzen:

Bei der *Alliteration* wird in einem Satz oder bei einer Aufzählung zweimal oder öfter derselbe Anfangsbuchstabe (oder Anfangslaut) verwendet. Beispiele sind etwa der Werbespruch „Milch macht müde Männer munter", oder die Redensart „mit Kind und Kegel". Die rhetorische Figur betont das Gesagte (solange es sich nicht um eine allzu wohlbekannte Phrase handelt!), und sorgt dafür, dass es leicht in Erinnerung bleibt. Es ist also ein besonders geeignetes Mittel etwa für Merk- und Regelsätze oder Losungen.

Die *Anapher* wiederholt ein Wort oder einen ganzen Satzteil zu Beginn aufeinanderfolgender Sätze oder Absätze. Sie hat, ähnlich wie die Alliteration, eine besonders einprägsame Wirkung und kann einer Rede Struktur geben. Außerdem hat die Anapher auch die Möglichkeit, besonders eindringlich zu wirken, indem sie etwa die wichtigste Botschaft der Rede immer wieder wiederholt – denken Sie dabei als Beispiel vor allem an Martin Luther-Kings „I have a dream". Wenn Sie sich in einem sehr sachlichen Zusammenhang sprechen, sollten Sie eher auf die Anapher verzichten.

Bei der *Epipher* wird am Ende des Satzes oder Satzteiles dasselbe Wort zweimal oder mehrmals wiederholt. Beispiel ist ein Satz wie: „Die werden nie verstehen, was wir verstehen." Die Epipher wirkt vor allem besonders eindringlich und spricht das Gefühl an, daher sollte bei sachlichen Reden und Inhalten lieber auf sie verzichtet werden. Bei Festreden ist sie jedoch besonders geeignet, den Inhalt eines Satzes emotional zu verstärken.

Eine *Klimax* wird gebildet, indem eine Reihe von Begriffen aneinandergereiht wird, (typischerweise sind es drei), die sich auf eine offensichtliche Weise steigern. Ein gutes Beispiel sind Formulierungen wie: „… in Deutschland, Europa und der ganzen Welt." Sätze dieser Art heben den Inhalt besonders hervor und betonen die hohe Bedeutung einer Sache. Die Klimax wirkt sehr nachdrücklich, ist aber, soweit sie nicht übertreibt, meist noch geeignet, zum Beispiel am Ende einer Rede noch einmal für besondere Identifikation des Publikums mit dem Thema zu sorgen – selbst, wenn der Vortrag ansonsten eher sachlich ist.

Die *Prolepsis* oder *Prokatalepsis* ist die vorausgreifende Nennung eines möglichen Einwandes durch den Redner oder die Rednerin. Sie nennen also eine entgegengesetzte Meinung, ohne dass jemand anderes überhaupt etwas in diese Richtung geäußert hätte. Natürlich erwähnen Sie das Gegenargument nur, um es im Anschluss effektvoll gleich wieder zu entkräften. Häufig wird die Prolepsis beispielsweise mit Phrasen wie: „Man könnte jetzt natürlich sagen …“ eingeleitet. Dieses Mittel ist besonders geeignet, wenn Sie ein noch zweifelndes Publikum von Ihrer Ansicht überzeugen müssen, oder auch, wenn Sie Vertrauen gewinnen wollen. Es ist außerdem geeignet, Aufmerksamkeit zu erregen, da Sie in einen scheinbaren Austausch mit dem Publikum gehen und zum Mitdenken anregen.

2.4 Übungen

Übung 1

Beginnen Sie damit, die Rede vorzubereiten, die Sie zum Abschluss dieses Übungsbuches halten werden. Wenn Sie ein Thema wählen können, nehmen Sie eines, das Ihnen sehr vertraut ist. Ist das Thema vorgegeben, sollten Sie sich so ausgiebig wie möglich dazu informieren. Aber auch, wenn sich die Rede inhaltlich wie von selbst schreibt, sollten Sie sich mehr mit dem Thema vertraut machen – und sei es bloß, indem Sie sich sorgfältig notieren, was Sie wissen.

Machen Sie dann erste Überlegungen dazu, wie Ihre Rede aussehen wird. Wer ist Ihr Publikum, und was erwartet es? Ist es Ihnen freundlich gesinnt oder eher neutral? Was ist der Anlass, und welcher Typ von Rede ist es am ehesten? Welche rhetorischen Stilmittel passen in den Zusammenhang? Welche Fachbegriffe müssen Sie benutzen (und definieren), auf welche können Sie verzichten? Wie können Sie Ihr Thema am besten verständlich machen?

Übung 2

Suchen Sie sich den Text einer berühmten Rede der Geschichte heraus – in der Originalsprache, das ist wichtig für den Rest der Übung! Sie sollten also zum Beispiel nur eine englischsprachige Rede benutzen, wenn Sie ausreichend gut Englisch verstehen. Informieren Sie sich über den historischen Kontext der Rede.

Lesen Sie sorgfältig den Text und untersuchen Sie ihn dann genauer – schreiben Sie dazu Ihre Antworten auf Papier: Wie ist das Verhältnis zum Publikum bei der Rede, und wie berücksichtigt der Redner dies in seinem Text? Versuchen Sie den Namen der Stilmittel herauszufinden, die in diesem Kapitel nicht genannt wurden und die Sie noch nicht kennen. Warum werden die Stilmittel ausgewählt, welche die Rede verwendet? Welche Stilmittel kommen besonders häufig vor, und woran liegt das? Welche Wirkung haben diese Stilmittel?

3. Aufbau und Struktur einer Rede

Ganz genau wie ein typischer Aufsatz besteht eine Rede aus Einleitung, Hauptteil und Schluss. Das heißt aber auf keinen Fall, dass Sie die Regeln für Ihre Rede anwenden sollten, die Sie in der Schule für das Schreiben eines Aufsatzes gelernt haben. Nein, Sie müssen die Bedingungen der Sprechsituation nicht nur beachten, sondern sie sogar zum wichtigsten Augenmerk bei der Gestaltung Ihrer Rede machen. Es gibt also in der Rede grob gesehen genau dieselben Bestandteile, wie beim geschriebenen Wort. Da Sie den Text aber sprechen müssen, ergeben sich für Einleitung, Hauptteil und Schluss in der Rede jeweils sehr besondere Funktionen, und auch die Anforderungen sind andere.

Die Hauptfunktion der Einleitung ist es, die Zuhörenden aufzuwärmen für das, was folgen soll. Der Hauptteil dient dazu, den Inhalt zu transportieren. Der Schluss ist vor allem dazu da, den Inhalt noch einmal zusammenzufassen und alles abzurunden.

Oft unterschätzt wird dabei die Einleitung. Es geht hier im Grunde darum, dass ein „Funke überspringt". Dieser Funke bezieht sich auf mindestens drei Dinge: Erstens muss der Funke überspringen, einfach, indem Sympathie zwischen Ihnen und dem Publikum aufgebaut oder verdeutlicht wird. Zweitens muss der Funke in Bezug darauf überspringen, dass das Publikum weiß, was es zu erwarten hat, und worum es geht. Drittens muss der Funke überspringen, in Bezug darauf, dass Sie den Leuten nach Möglichkeit Lust auf das Thema Ihrer Rede bereiten. Kurz zusammengefasst sind die Bestandteile und Funktionen der Einleitung also Folgende:

- Begrüßung: Sympathie gewinnen
- Thematischer Anreiz: Interesse wecken
- Plan und Ziel: Klarheit schaffen

Dazu kommen die weiteren Bestandteile Ihrer Rede:

- Hauptteil: Botschaft senden
- Schluss: Thema abrunden

Das heißt, dass erfolgreiches Sprechen jeder Art über eine ähnliche Gliederung verfügt. Diese gilt nicht nur für eine „Rede“ im engeren Sinne. Im Grunde müssen Sie vom Aufbau her dieselben Dinge berücksichtigen, ob es sich nun um eine halbstündige Wahlkampfrede handelt, oder bloß um einen kurzen Diskussionsbeitrag in einem Seminar oder in einem Meeting. Selbst dann, wenn Sie also wirklich weniger als eine Minute zu sprechen, ist es sinnvoll, einige Regeln zum richtigen Aufbau von Reden zu beachten.

3.1 Die Begrüßung

Zu Beginn der Rede kommt selbstverständlich zunächst eine Begrüßung. Es ist im Allgemeinen besonders wichtig, nicht sofort mit der Tür ins Haus zu fallen. Sie möchten das Publikum zu einem bestimmten Grad schon für sich gewonnen haben, bevor Sie überhaupt mit dem inhaltlichen Teil Ihres Vortrags begonnen haben. Diese Absicht hat Ihre Einleitung, besonders aber die Begrüßung. Es ist daher, soweit es sich um eine Rede im weiteren Sinne, also einen geplanten Auftritt handelt, auf den Sie sich vorbereitet haben, so gut wie immer angemessen, zuerst mit einer Begrüßung zu beginnen.

Die Begrüßung kann kurz und formelhaft sein, oder sich detailliert auf Anwesende im Publikum oder auch vorangegangene Reden, Sitzungen, Ereignisse, etc. beziehen – das kommt immer auf den Anlass an. Es ist offensichtlich, dass bei unbedeutenden Anlässen oft ein einfacher Gruß ausreicht, während bei großen Ereignissen die Begrüßung gern länger ausfallen darf, um den Anwesenden Respekt zu zollen. Sie können auch hervorheben, solange das ernst gemeint ist, welche Ehre es ist, vor diesem Publikum oder zu diesem wichtigen Anlass sprechen zu dürfen.

Wenn Sie zusätzlich Sympathie aufbauen wollen, können Sie gezielt Dinge betonen, die Sie mit den Anwesenden (und zwar möglichst allen) gemeinsam haben. Häufig sind dies völlig offensichtliche Dinge, daher nennen Sie dann diese Gemeinsamkeiten lieber nicht allzu direkt. Wenn Sie zum Beispiel in derselben Firma arbeiten, wie Ihre Zuhörer oder derselben Konfession angehören, wirkt es plump, wenn Sie das einfach nur nennen. Beziehen Sie sich stattdessen auf die Werte Ihrer Firma oder Ihrer Religion, die Sie teilen.

Sie können außerdem auch einen Vergleich ziehen, zwischen „uns“ und „anderen“. Je nachdem, was Sie mit dem Publikum gemeinsam haben, können das andere Städte, andere Hochschulen, andere Sportvereine, andere

Glaubensrichtungen, und so weiter sein. Der Vergleich sollte jedoch eher beobachtend sein und keine Abwertung der „anderen“ bedeuten, es sei denn, der Zweck Ihrer Rede ist wirklich eine Anstachelung. Selbst, wenn sich wirklich niemand der „anderen“ im Publikum befindet, sollten Sie aber vorsichtig mit Wertungen umgehen.

Wichtig ist vor allem eines: Die Begrüßung sollte von den Zuhörenden als angenehm empfunden werden. Soweit der Anlass nicht außergewöhnlich ernst ist, Ihre Rede also zum Beispiel im Zusammenhang mit Entlassungen in der Firma oder der Beerdigung eines Verwandten steht, ist Humor bei der Begrüßung immer ein gutes Mittel. Erzählen Sie aber nicht einfach einen beliebigen Witz. Es sollte sich eher um eine leicht amüsante, aber harmlose Bemerkung zur Situation handeln, die nach Möglichkeit das ganze Publikum versteht. Dann ist es auch nicht wichtig, dass Sie wirklich Lacher ernten, ein paar leicht lächelnde Gesichter reichen völlig aus.

Die Begrüßung sollten Sie nur in Ausnahmefällen weglassen, und dann aber auch wirklich bewusst und mit klarem Hintergrund. Diese Fälle sind bei einer Rede eher selten. Wenn Ihre Rede eine Reaktion auf ein sehr plötzliches, unerwartetes und tragisches Ereignis ist, kann es sinnvoll sein, die Zuschauer nicht zu begrüßen, um der Dringlichkeit der Situation Rechnung zu tragen. Ähnliches gilt für Reden in Situationen, die schnelles und klares Handeln erfordern. Vor allem eine lange Begrüßung kann hier als überflüssig wahrgenommen werden. Zu guter Letzt ist natürlich auch nicht jede Situation, in der rhetorische Fähigkeiten gefragt sind, eine Rede, die eine Begrüßung notwendig macht.

3.2 Der thematische Anreiz

Im Anschluss an die Begrüßung gilt es, den Zuhörenden Lust auf Ihr Thema zu machen, und es für Ihren Vortrag zu interessieren. Das kann bei manchen Themen gar nicht so leicht sein, es gibt aber eine ganze Reihe von Möglichkeiten, ein Publikum für eine Sache einzunehmen. Versuchen Sie, wenn Sie noch nicht sehr geübt sind, sich unter den im Folgenden genannten Mitteln einfach dasjenige herauszusuchen, mit dem Sie sich am wohlsten fühlen, oder das am besten zu Ihnen, zum Publikum, oder zum Anlass passt. Wenn Sie bereits erfahrener sind oder sich sicher fühlen, können Sie dann versuchen, andere Mittel auszuwählen, und die Zuhörer auch einmal mit einem für das Thema ungewöhnlichen Einstieg zu überraschen.

Ein etwas gewagterer Einstieg kann zum Beispiel eine Frage sein. Der Vorteil dieses Anreizes ist es, dass er das Publikum sofort fordert, zum Mitdenken anregt, und es gegebenenfalls sogar etwas überrascht, da die Erwartung ja typischerweise lauten würde, dass Fragen aus dem Publikum oder auch an das Publikum erst am Ende kommen. Ihre Frage sollte aber grundsätzlich eher leicht und ohne Verlegenheit zu beantworten sein, da Sie unbedingt verhindern wollen, dass sich kaum jemand, oder gar überhaupt niemand meldet – was gleich zum Einstieg eine schlechte Rückmeldung für Sie wäre.

Ein beliebter Trick ist es daher, der Beantwortung der Frage durch das Publikum auszuweichen, indem einfach eine rhetorische Frage gestellt wird. Die Antwort sollte dann aber nicht so offensichtlich sein, dass sie nicht mehr nötig ist, sondern dass Sie sie selbst kurz geben, oder die Frage sollte so geschickt gestellt sein, dass sie sofort auf einen Gesichtspunkt hinführt, der auf eine Kernaussage Ihrer Rede hinausläuft. Seien Sie also vorsichtig mit rhetorischen Fragen, denn auch hier lauert die Gefahr, gleich zu Beginn offensichtliches Desinteresse zu ernten, indem Sie eine Frage stellen, auf die hin nicht nur das Publikum schweigt, sondern auf die hin im schlimmsten Falle auch Sie selbst nicht genau wissen, was Sie sagen sollen!

Zitate von berühmten Persönlichkeiten sind immer noch ein beliebter Weg, Interesse zu wecken. Wichtig ist aber, dass Sie sich hier nicht etwas aus dem Nagel reißen. Meist ist ein Zitat nur wirklich passend, wenn Sie es nicht lange suchen mussten. Es bestehen aber auch einige weitere Risiken: Zum Beispiel könnte das Zitat abgestanden wirken. Greifen Sie also, wenn, dann zu einem Spruch, den nicht wirklich so gut wie jeder erwachsene Mensch kennt. Selbst, wer den Spruch kennt, sollte sich mit Wohlwollen daran erinnern. Auf der anderen Seite sollte das Zitat nicht zu unbekannt sein. Es sollte von einer Person stammen, die entweder tatsächlich zumindest landesweit berühmt ist, oder zumindest allgemein bekannt und respektiert ist, in dem Fachgebiet, auf das sich Ihre Rede bezieht.

Suchen Sie sich außerdem das Zitat nicht „zu genau“ heraus. Nichts ist einem Publikum leidiger, als wenn Vortragende zu Beginn einer Rede mit einem Zitat zu kommen, das zum Beispiel vor unverständlichen Fachbegriffen nur so strotzt, oder schon auf Details vorgreift, die erst später erklärt werden sollen. Das Zitat sollte immer einprägsam sein, selbst keine näheren Erklärungen benötigen, und auch außerhalb des Zusammenhangs Ihrer Rede eine Bedeutung tragen.

Auf der anderen Seite laufen Sie unter Umständen Gefahr, dass bei einem einleitenden Zitat der Bezug zum Thema nicht eindeutig ist, oder nicht allen deutlich wird. Erläutern Sie also im Anschluss an das Zitat, wie genau sich dieses zu dem verhält, was Sie sagen möchten. Verwenden Sie aber hierbei nicht Phrasen wie: „Dieses Zitat habe ich herausgesucht, weil …“, sondern nennen Sie einfach den Grund. Ansonsten kann Ihr Vortragsstil gleich zu Anfang schulmeisterlich wirken, und das sollten Sie fast immer verhindern wollen.

Sie können beim thematischen Anreiz auch gern auf Anekdoten oder auf persönliche Erlebnisse zurückgreifen – wenn Sie diese Mittel benutzen, muss der Bezug zum Thema aber absolut deutlich werden, in dem Moment, in dem Sie Ihre kleine Geschichte fertig erzählt haben. Braucht auch die Geschichte zusätzliche Erklärungen, ist die Folge, dass Sie das Publikum eher nur verwirren, oder dass Sie wirken, als würden Sie nur sprechen, da Sie sich selbst gern reden hören.

Gerade auch bei Themen, die eher als trocken empfunden werden, kann es sich lohnen, für den thematischen Anreiz nach etwas zu suchen, mit dessen Hilfe sich die Sache veranschaulichen lässt. Das kann ein Gegenstand sein, den Sie selbst mitbringen, aber auch einfach zum Beispiel ein Foto. Am besten gelingt diese Art der thematischen Heranführung meist, indem Sie eine Art „Rätsel“ für das Publikum aufgeben. Der Gegenstand sollte dem Publikum unbekannt sein, weiterer Erklärung bedürfen, oder eine unbekannte Seite haben, über den Sie Bescheid wissen.

Hier ist selbstverständlich die Verbindung mit einer Frage an das Publikum besonders geeignet. Da Sie sich auf etwas Bestimmtes beziehen, das jede Person im Raum sehen kann (solange Sie nicht blind ist), brauchen Sie auch keine Angst mehr davor zu haben, dass das Publikum keine Antwort auf Ihre Frage weiß, denn dies wäre in diesem Fall im Prinzip der Nachweis dafür, dass Ihre Erklärung zu dem Gegenstand interessant und neu ist. Der Gegenstand sollte aber natürlich einen möglichst direkten Bezug zu Ihrem Thema haben und Ihre Erläuterungen sollten im Idealfall weitere Fragen aufwerfen, deren Klärung Sie dann ankündigen können.

Zu guter Letzt ist es auch möglich, sofort Aufmerksamkeit und Interesse beim Publikum zu wecken, indem Sie gezielt eine völlig unerwartete oder herausfordernde These in den Raum stellen, der spontan kaum jemand im

Raum zustimmen würde. Es sollte sich aber um eine Aussage handeln, die Sie sofort oder sehr bald im Laufe Ihres Vortrags unmissverständlich belegen und erklären können.

Ein klassisches Beispiel für so eine provokative These wäre hier zum Beispiel beim Thema Geburtenraten die Aussage, dass eine höhere Anzahl von Störchen in einer Region auf eine höhere Zahl geborener Kinder hindeutet. Sie können diese These möglichst griffig (aber nicht komplett irreführend) formulieren, und dann im Anschluss ganz sachlich erklären, dass die Geburtenrate in Deutschland in ländlichen Regionen höher ist, wo gleichzeitig auch mehr Störche zu finden sind, als in den Städten, wobei es natürlich keinen direkten Zusammenhang zwischen beidem gibt.

Genau wie bei der Begrüßung ist es auch beim thematischen Anreiz in Ausnahmesituationen möglich, ihn einfach wegzulassen. Dies können dieselben Anlässe sein, die auch die Begrüßung überflüssig machen. Es kann aber auch sein, dass Sie sich in der sehr vorteilhaften Situation befinden, dass das Thema Ihrer Rede für die Anwesenden einfach so aktuell oder so offensichtlich und eindeutig wichtig ist, dass Sie nicht zusätzlich auch noch Interesse wecken müssen. Dann reicht es aus, das Thema oder den Anlass einfach nur zu nennen.

3.3 Plan und Ziel

Wie gesagt, können Sie es in bestimmten Situationen auslassen, Ihr Publikum zu begrüßen oder einen thematischen Anreiz zu geben, der Interesse für Ihre Rede weckt. Dies gilt besonders für Anlässe, die keine Rede im eigentlichen Sinne sind. Plan und Ziel ist aber der Bestandteil der „Einleitung", den Sie im Grunde nie weglassen sollten, wenn Sie auf irgendeine Weise sprachlich überzeugen wollen – selbst, wenn Sie einfach nur am Stammtisch sitzen oder in einem Seminar diskutieren. Wollen Sie die anderen von Ihrer Ansicht überzeugen, hilft es immer, wenn Sie zunächst eine Idee davon geben, was Plan und Ziel Ihrer Aussage ist.

In jedem Fall sollten Sie Ihren Zuhörern also sagen, wohin „die Reise hingehen" soll: Fassen Sie in einem Satz, und wirklich am besten nur in einem Satz, der auch nicht zu lang ist, zusammen, wo Sie die Leute mit Ihren Äußerungen hinführen möchten. Dies können Sie machen, indem Sie einfach das Ziel Ihres Vortrags nennen, etwa indem Sie sagen: „Ich möchte Ihnen heute zeigen, dass die alten Philosophen schon Lösungen für Probleme hatten, die wir heute noch suchen." Sie können aber an dieser Stelle stattdessen auch noch einmal einen kleinen thematischen Anreiz nachlegen, indem Sie ein Versprechen abgeben, nach dem Motto: „In wenigen Minuten werden Sie einwandfrei verstehen, was eine Blockchain ist!"

Wenn Sie eine Rede oder eine Präsentation halten, sollten Sie im Anschluss auch noch einen knappen Plan von dem zeichnen, was Sie vorhaben. Geben Sie also Ihren Zuschauern einen kurzen Überblick über die grobe Struktur Ihres Vortrags, indem Sie etwa einfach die Unterthemen aufzählen. Erläutern sollten Sie diese Unterthemen aber höchstens in einem Nebensatz. Bei Vorträgen an der Hochschule ist es üblich, die Gliederung auch an die Wand zu werfen, das kann eine gute Stütze für das Publikum sein, sollte Sie aber nicht jetzt schon zu langen Erklärungen verführen. Gestalten Sie also diesen letzten Teil Ihrer Einleitung so kurz und klar wie möglich!

Plan und Ziel helfen Ihnen auch, wenn Sie keine Rede im eigentlichen Sinne halten. Zum Beispiel kommt man bei einer Diskussion im Büro oder an der Hochschule häufig nicht sofort zu Wort. Das Gespräch befindet sich dann oft schon bei einem ganz anderen Gesichtspunkt, wenn Sie das Wort ergreifen. Diese Situationen lassen die Kunst der Rhetorik und die Regeln für die Gestaltung eines Beitrags, der mit Worten überzeugt, nicht in den Hintergrund treten – im Gegenteil: Sie werden umso wichtiger, wenn Sie denn überzeugen und einen guten Eindruck machen wollen.

Sehr hilfreich ist es in so einer Situation, zuerst Plan und Ziel zu nennen, indem Sie einleitend sagen, auf welchen Beitrag oder welches Thema Ihre Wortmeldung zurückgeht. Fassen Sie dann kurz zusammen, wie Sie dazu stehen. Es muss nur eine ganz kurze Phrase sein, in etwa: „Ich stimme dem zu, es gibt aber noch etwas, das wir bisher nicht beachtet haben." Selbst wenn das Gespräch noch bei genau demselben Punkt ist, ist es hilfreich, seine Aussage so einzuleiten, da damit allen transparent gemacht wird, worauf Sie hinauswollen, und auch gegebenenfalls unaufmerksame Zuhörende noch mal erinnert werden, wo sich die Diskussion befindet. Vor allem Vorgesetzte werden es begrüßen, wenn Sie allen nebenbei noch einmal klar machen, worum es eigentlich geht.

Dann nennen Sie kurz Ihr Argument – der „Hauptteil" Ihrer kleinen Rede. Nennen Sie zum Beispiel das Ziel, das Sie vor Augen haben (und das möglichst alle im Raum teilen) und warum es noch nicht erreicht wurde. Dann nennen Sie Ihre Lösung und deren Vorteil. Im „Schlussteil" fassen Sie dann noch einmal in möglichst wenigen Worten zusammen, wie Ihre Lösung das Problem beseitigt. Damit haben Sie in vier bis sechs Sätzen und dreißig Sekunden schon eine richtige Rede gehalten!

3.4 Hauptteil

Dass Sie Ihre Rede inhaltlich gut vorbereiten, ist selbstverständlich. Der Hauptteil Ihrer Rede sollte sich daher im Grunde unter Beachtung der Hinweise in den folgenden Kapiteln, wie von selbst schreiben. Entscheidend ist aber, dass Sie Ihr Publikum nie mit Informationen erschlagen sollten – es sei denn, Sie verbinden ein Ziel damit. Ihr Publikum „mundtot" zu machen, um keine Zwischen- oder Rückfragen beantworten zu müssen, sollte in den allermeisten Fällen jedenfalls nicht Sinn und Zweck Ihrer Rede sein.

Im Allgemeinen wird Ihnen für die Rede ein fester Zeitrahmen gegeben. An Einleitung und Schlussteil werden Sie zeitlich nicht besonders viel schrauben können, sobald Ihr Konzept dafür steht. Daher ist der Hauptteil, der ohnehin die meiste Zeit einnimmt, auch der Teil Ihrer Rede, bei dem Sie die Redezeit am meisten im Auge behalten sollten. Generell ist es ratsam, den Umfang des Hauptteils so zu gestalten, dass Sie sich am unteren Ende der vorgesehenen Redezeit befinden. So lassen Sie Zeit für Fragen und Unvorhergesehenes.

Der Witz ist nämlich, dass Sie nur dadurch, dass Sie Informationen weglassen, sichergehen, dass Sie Fragen – ob kritische Fragen oder einfache Inhaltsfragen – mit hoher Wahrscheinlichkeit gut beantworten können. Sehen Sie die Inhalte, die Sie nicht nennen, aber kennen, als einen optionalen Teil Ihres Vortrags an, den Sie bei Gelegenheit hervorzaubern können. In der Tat werden Sie, wenn Fragen aus dem Publikum kommen, umso kompetenter wirken, je mehr Sie im Skript Ihres Hauptteils inhaltlich gekürzt haben. Natürlich sollten Sie Ihre Hauptargumente, Kernpunkte oder für das Verständnis Ihrer Aussage unbedingt nötige Informationen, nie einfach weglassen. Aber grundsätzlich gilt, dass Ihnen die Zuhörenden umso besser folgen können, je eher Sie weniger wichtige Details und Hintergründe aussparen.

Fragen Sie sich also: Was sind meine wichtigsten Aussagen, wie belege ich sie, und auf welche Aussagen oder zusätzlichen Erklärungen kann ich verzichten? Ziehen Sie hier besonders auch die folgenden Kapitel zurate. Ordnen Sie die Informationen, die Sie in Ihrer Rede vermitteln wollen, nach „muss", „soll" und „kann". Dies wird Ihnen helfen, bei Bedarf die „Kann-Aussagen"- und gegebenenfalls auch ein paar „Soll-Aussagen", zu streichen. Mehr als drei bis fünf Kernaussagen sollten Sie nämlich nicht haben, denn nur so bleibt es für Ihre Zuhörer übersichtlich.

Besonders wichtig für das Verstehen bei Ihrem Publikum ist es auch, dass der Hauptteil eine klare und eindeutige Struktur hat. Sie sollten diese Struktur jedoch nicht einfach nur als Dienst am Publikum sehen, denn auch Ihnen wird Sie helfen, beim Verfassen des Hauptteils Ihr Wissen und Ihre Gedanken zu ordnen sowie Unwichtigeres auszusortieren. Nicht zuletzt kann diese Struktur aber, falls Sie während des Vortrages doch einmal den Faden verlieren sollten, auch als Sicherheitsnetz für Sie dienen, anhand dessen Sie sich schnell wieder orientieren können.

Die Struktur sollten Sie natürlich während der Einleitung beim Teil „Plan und Ziel" dem Publikum bereits angekündigt haben. Auch während des Hauptteils ist es aber hilfreich, wenn Sie dem Zuhörer immer wieder verdeutlichen, wo Sie sich gerade befinden. Dies wird besonders effektiv durch das einfache Ankündigen der unterschiedlichen Abschnitte erreicht, bevor Sie beginnen, durch Phrasen wie: „Kommen wir jetzt zum zweiten Teil …". Diese Sätze können aber außerhalb eines Sachvortrages sehr hölzern wirken – in diesem Fall müssen Sie zu anderen rhetorischen Möglichkeiten der Gestaltung greifen, besonders durch den Einsatz Ihrer Stimme (siehe Kapitel 5) sowie Gestik und Mimik (Kapitel 6).

Wichtig ist, dass sich im Laufe des Hauptteils die Spannung (und damit auch das Interesse) steigert. Typische Wege, dem Inhalt des Hauptteils eine übersichtliche und zugleich interessante Struktur zu geben, sind das Aufteilen der Inhalte in drei bis fünf Gliederungspunkte nach folgenden Mustern:

- allgemeiner Hintergrund – besondere Problematik – vorgenommene Schritte – Resultate – Verbesserungsvorschlag
- Person A sagt X – Person B sagt Y – X widerspricht Y – beide vergessen aber Z – Z erklärt den Widerspruch
- alte Vorgehensweise – Resultate – neue Vorgehensweise – Resultate – Unterschiede

- Problem – Ursache – Wirkung – Lösung
- Istzustand – Bedürfnisse – Sollzustand – Maßnahmen
- Vergangenheit – Gegenwart – Zukunft
- Ausgangslage – Ereignis – Folgen
- vom Kleinen ins Große oder vom Besonderen ins Allgemeine (Einzelfall – betroffene Gruppe – Auswirkung auf Bevölkerung insgesamt), oder umgekehrt
- wer – was – warum

3.5 Schluss

Am Ende der Rede gilt es vor allem, die Kernaussagen noch einmal zusammenfassen. Dies ist wichtig, damit Ihre Zuschauer noch einmal ins Gedächtnis gerufen bekommen, was Sie alles gesagt haben, und was davon besonders hohe Bedeutung trägt. Freilich birgt diese Wiederholung auch Gefahren. So einige ansonsten eigentlich gut aufgebaute Vorträge sind schon daran gescheitert, dass am Ende einfach nur in denselben Worten wiederholt wurde, was ohnehin schon gesagt war. Wenn Sie nämlich keine zusätzliche „Leistung" bieten mit Ihrem Schlussteil, wird er schlicht langweilig und wirkt so gar nicht wie ein Höhepunkt – das sollte er aber sein, auch wenn er der kürzeste Teil einer Rede ist!

Sie müssen also versuchen, den Inhalt Ihrer Rede noch einmal auf eine ganz besonders verdichtete Art und Weise zu bündeln und so wiederzugeben, dass das Gesagte besonders gut „hängen bleibt". Hier können Sie sich getrost der rhetorischen Stilmittel (siehe Kapitel 2) bedienen. Eine beliebte Methode ist es auch, einen Anfangsgedanken noch einmal aufzugreifen und mithilfe des Gelernten kurz und klar zu beleuchten. Wenn möglich, versuchen Sie, eine Schlussfolgerung zu ziehen, der Ihre Hauptpunkte noch einmal unter einem neuen Licht erscheinen lässt, oder geben Sie einen Ausblick.

Das Publikum ist Ihnen durch die Rede gefolgt, daher werden Sie das Gefühl haben, es nicht einfach „sitzen lassen" oder „stehen lassen" zu wollen. Eine Rede hat etwas Persönliches, da Sie die Menschen im Raum ansprechen. Die (hoffentlich) neuen Erkenntnisse und überzeugenden Argumente sollten also – das werden die Anwesenden automatisch spüren – zu etwas führen und damit ein Auslöser für ein „Ereignis" sein. Besonders eindrucksvoll wirkt es daher am Ende einer Rede immer, wenn Sie zum Handeln aufrufen. So hinterlassen Sie das Publikum am ehesten mit dem Eindruck, Sie hätten etwas „bewegt“ – selbst bei dem kleinsten Anlass.

Die Handlung, zu der Sie aufrufen, kann eine bedeutende Handlung sein, sie muss es aber auf keinen Fall – es kann ein Aufruf zum politischen Widerstand sein, ein Aufruf zur Diskussion oder auch einfach nur ein Aufruf, das Glas zu heben. Wichtig ist nur, dass der Aufruf eine klare Reaktion auf den Inhalt des vorhergegangen Satzes sein sollte, sonst wirkt er gekünstelt. Mindestens genauso wichtig ist auch, dass es sich tatsächlich um einen Aufruf handelt, der auch mit einem Ausrufezeichen gekennzeichnet werden würde, nach dem Motto: „Lasst uns …!“ Damit senden Sie nebenbei auch ein klares Signal, dass die Rede beendet ist.

3.6 Übungen

Übung 1

Machen Sie sich Gedanken über die Rede, welche Sie zum Ende dieses Buches halten wollen. Was gibt es für Gemeinsamkeiten mit dem Publikum, die zum Einstieg hervorgehoben werden könnten? Wie sollte die Begrüßung ausfallen? Können Sie sich an Vorbilder aus der Erfahrung halten?

Beginnen Sie nun einfach einmal mit dem Schreiben der Einleitung. Überlegen Sie sich, wie Sie das Thema dem Publikum nach der Begrüßung schmackhaft machen können. Wollen Sie etwas Ungewöhnliches versuchen, oder lieber auf Nummer sicher gehen? Schreiben Sie nach Möglichkeit eine Variante für beides, und schauen Sie, womit Sie sich wohler fühlen.

Überlegen Sie dann, wie Ihre Rede aufgebaut werden könnte. Sie müssen sich noch nicht endgültig entscheiden – versuchen Sie erst einmal eine Variante, die gut zu Ihrem Thema passt. Notieren Sie sich eine grobe Struktur für den Hauptteil, mit 3 - 5 Punkten (wenn Sie wollen, können Sie auch schon erste Unterpunkte nennen). Wenn Sie eine Struktur haben, machen Sie sich ausführliche Notizen zu jedem Punkt. Schreiben Sie dann Ihre Einleitung zu Ende, indem Sie in zwei Sätzen Plan und Ziel zusammenfassen.

4. Richtig Argumentieren: Das Fundament der Überzeugungskraft

4.1. Warum Argumente so wichtig sind

Eine gute Rede, aber im Grunde auch jede Form des verbalen Austausches gewinnt durch Argumente an Überzeugungskraft. Das gilt für so ziemlich alle Lebensbereiche. Jeder weiß, dass zum Beispiel eine politische Rede im Parlament besser damit bedient ist, wenn sie Argumente aufzuweisen hat, für die Reform, welche sie unterstützt, oder auch gegen den Gesetzesvorschlag, den sie kritisiert. Aber warum gilt dasselbe auch für eine Ansprache bei einer Hochzeit oder bei einem kurzen Toast anlässlich einer Feierlichkeit?

Es ist einfach so, dass ein gutes Argument das Publikum einnimmt und auf fast magische Weise den Raum erfüllt und der Situation einen Sinn gibt. Wie oft haben Sie so getan, als würden Sie jemandem zuhören, ohne das wirklich zu tun? Gleichgültig, ob es eine Vorgesetzte war, die Ihnen die Strategie der Firma erklärt hat, ob es ein Verwandter war, der seine Meinung für deutlich interessanter hielt, als sie ist, oder ob es eine Lehrkraft war, die Sie mit ihren Vorträgen gelangweilt hat – eines haben all diese Sprechakte gemeinsam: Sie hatten höchstwahrscheinlich keine guten Argumente, und wenn, dann waren sie schlecht präsentiert. Aber das ist eigentlich eine überflüssige Unterscheidung, denn: Ein gutes Argument ist natürlich kein gutes Argument mehr, wenn es schlecht präsentiert ist.

Falls Sie immer noch nicht überzeugt sind, und glauben, für eine Hochzeitsansprache bräuchten Sie keine Argumente, überlegen Sie sich Folgendes: Was wollen die Leute bei solch einer Ansprache hören? Sicherlich keine Argumente gegen nukleare Abrüstung. Das wäre offensichtlich das falsche Thema. Aber was ist das richtige Thema? Es ist die Geschichte von zwei Menschen, die sich gefunden haben. Aber die Geschichte wird wahrscheinlich fast jeder auf der Hochzeit kennen, besonders das Brautpaar, an das die Rede gerichtet ist. Wie um alles in der Welt kann so eine Rede also auf eine unterhaltende Weise gestaltet werden? Beliebte Wege sind Humor und Anekdoten. Auch dies sind rhetorische Mittel, die aber nicht Thema dieses Kapitels sind.

Wo also kommen bei der Ansprache auf der Hochzeit die Argumente ins Spiel? Eigentlich ist es ganz einfach: Wie gesagt, das Thema ist die Geschichte von zwei Menschen, die sich gefunden haben. Und Sie müssen die Argumente geben dafür, *dass* sie sich gefunden haben, und richtig füreinander sind. Wenn Sie diese Argumente liefern, werden Sie den Gästen auf der Veranstaltung ein gutes Gefühl geben, das auf fast magische Weise den Raum erfüllt, das Publikum einnimmt und der Situation einen Sinn gibt. Sie brauchen, wenn Sie diese Argumente finden, auch keine wirklich witzigen Sprüche zu reißen, oder keine wirklich interessanten Anekdoten zu erzählen. Solange Sie die Argumente haben, ist das alles Nebensache.

In der Tat ist es eigentlich immer so: Solange Sie die Argumente auf Ihrer Seite haben, und solange es gute Argumente sind, (und in diesem Fall, solange die Argumente aufseiten des Brautpaares liegen), haben Sie das Publikum auf Ihrer Seite. Aber wie sieht ein gutes Argument eigentlich aus, woraus besteht es, und wie können Sie so ein Argument bauen? Dies ist das Thema dieses Kapitels.

Viele sind der Meinung, es gehöre zur Rhetorik, Tricks, wie logische Fehlschlüsse anzuwenden und damit Argumente totzuschlagen, ohne dass die Zuhörenden von ihrem Standpunkt wirklich überzeugt sind. Machen Sie es anders, überzeugen Sie mit Logik! Ein wirklich schlüssiges Argument verstehen alle von selbst, und keiner kann sich dem entziehen. Diese Kunst zu beherrschen, ist ein viel besserer Weg als hinterhältige Tricks.

4.2. Wie ein Argument aussieht

Aber zunächst einmal: Was ist ein Argument eigentlich überhaupt? Hier hilft es, wie so oft, bei den alten Griechen nachzuschauen. Die von Aristoteles begründete Redekunst besagt nämlich, dass ein Argument eigentlich nur aus zwei Teilen besteht: Dem, was zu belegen ist (das sogenannte Explanans) und dem Belegen (dem sogenannten Explanandum). Anders gesagt, es gibt immer mindestens eine Schlussfolgerung, auf die ein Argument hinaus will, und mindestens zwei Prämissen, welche das Argument stützen.

Eine Prämisse ist entweder ein allgemein als anerkannt geltendes Gesetz oder eine Regel, die niemand der Anwesenden abstreiten würde. Es kann sich aber auch um eine bereits (zum Beispiel durch ein vorheriges Argument) belegte

Tatsache oder eine offensichtliche Beobachtung handeln. Auch die Ursachen oder Hintergründe dieser Gesetze, Regeln, Beobachtungen oder Tatsachen können als Prämissen benutzt werden. Es handelt sich bei der Prämisse aber stets um einen Satz, dem die Zuhörer oder die Leser unter allen Umständen zustimmen können oder wollen. Die Schlussfolgerung ergibt sich logisch aus den Prämissen. Sehen wir uns ein sehr einfaches Beispiel an:

1. Prämisse: Es ist gerade hell draußen.

2. Prämisse: Wenn die Sonne scheint, ist es Tag.

Schlussfolgerung: Es ist im Moment Tag.

Es ist ein einfaches Argument, daher ist es nicht schwierig, es nachzuvollziehen. Wenn Sie diese Sätze miteinander vergleichen, werden Sie aber etwas merken: Es handelt sich nicht um ein perfektes Argument, da nicht in allen Teilen des Arguments dieselben Worte verwendet werden. Wer dieses Argument anzweifeln möchte, braucht nur zu sagen, es sei nicht dasselbe, ob es draußen hell ist, oder ob die Sonne scheint. Das Argument hat die Schwäche, dass es aussieht, als würde es nicht ausschließen, es sei grundsätzlich Nacht bei Regenwetter. Wir können das Argument aber verbessern, indem wir diese Unklarheiten ausmerzen:

1. Prämisse: Es ist im Moment hell draußen.

2. Prämisse: Wenn es hell draußen ist, ist es Tag.

Schlussfolgerung: Es ist im Moment Tag.

Indem Sie in allen Prämissen dieselben Worte für dieselben Dinge verwenden (und auch in den zugehörigen Schlussfolgerungen), versichern Sie sich nicht nur dessen, dass das Argument wirklich verstanden wird, die Prämissen und die Schlussfolgerungen werden damit sicherlich auch eher akzeptiert. Es nützt also nichts, mit Ihren Prämissen und den Argumenten kreativ zu sein, indem Sie sie von Satz zu Satz umformulieren. Es kann das Argument schwächen und sogar unverständlich machen.

In Ihrer Rede müssen (und sollten) Sie natürlich nicht Ihre Argumente so vorlesen, wie Sie hier zur Übersicht dargestellt sind. Bilden sie normale, verständliche Sätze, und weisen Sie nicht extra darauf hin, wenn Sie Prämissen nennen. Indem Sie aber ein einzelnes Argument an einem Stück nennen, wird es am besten verstanden. Zwischen einzelnen Argumenten sollten Sie aber meist Platz lassen für anderes, da es anstrengend sein kann, wenn zu viele Schlussfolgerungen nacheinander gemacht werden.

4.3. Vervollständigung von Argumenten

Sehen wir uns nun ein etwas komplizierteres Beispiel an. Ein Vorgesetzter in einer Firma hat die Aufgabe, den Mitarbeitern zu erklären, warum sie zu Kurzarbeit gezwungen sind und daher einen niedrigeren Lohn akzeptieren müssen, wenn sie weiter angestellt sein möchten. Wie könnte hier das Argument des Vorgesetzten aussehen, wenn er seine Ansprache hält, um der Belegschaft die Hiobsbotschaft zu überbringen? Besser gesagt: Wie würde diese Ansprache wahrscheinlich aussehen von der Argumentation her, wie müsste sie aber aussehen, um gut argumentiert zu sein?

Sagen wir, der Vorgesetzte macht folgendes Argument:

1. *Prämisse*: Die wirtschaftliche Situation der Firma hat sich verschlechtert.
2. *Prämisse*: Verschlechtert sich die wirtschaftliche Situation, müssen alle in der Firma Einschnitte machen.
3. *Prämisse*: Es ist fairer, wenn Kurzarbeit geleistet wird, als wenn Mitarbeiter entlassen werden.

Schlussfolgerung: Kurzarbeit ist in der wirtschaftlichen Situation die beste Alternative.

Ist dieses Argument schon klar genug? Viele würden sagen, es sei solide, aber hieb- und stichfest – oder, wie wir bisher gesagt haben, ein gutes Argument – ist es noch nicht. Warum? Sehen Sie sich die Sätze noch einmal an. Der Schluss erscheint nicht so klar wie bei dem „es ist Tag"-Argument oben. Und das liegt gar nicht unbedingt daran, dass nicht dieselben Begriffe verwendet werden. Es liegt daran, dass das Argument versteckte Prämissen enthält, die nicht genannt wurden, sondern nur gemeint, oder ganz vergessen wurden. Eventuell hat unser Vorgesetzter sogar etwas zu verbergen, denn versteckte Prämissen dienen häufig auch dazu, Dinge zu vertuschen.

Können Sie erahnen, was die versteckten Prämissen sind? Versuchen Sie es! Oft hilft es für das Auffinden solcher Prämissen, sich darauf zu konzentrieren, welche Begriffe in dem Argument verwendet werden. Im Idealfall müsste jeder Bestandteil der Prämissen und der Schlussfolgerung mindestens zweimal vorkommen in dem Argument, damit es folgerichtig ist. Taucht ein Bestandteil (zum Beispiel der Begriff „Einschnitte machen“) nur einmal auf, ist das ein Zeichen dafür, dass damit ein verstecktes Argument verbunden ist. Sehen Sie sich das oben aufgeführte Argument noch einmal sorgfältig an. Sie verstehen jetzt, warum es so wichtig ist, dieselben Begriffe zu verwenden, wenn dasselbe gemeint ist!

Haben Sie mindestens eine der versteckten Prämissen erraten? Es sind sogar mindestens fünf davon in dem Argument vorhanden. Sie lauten wie folgt:

1. *Versteckte Prämisse*: Es gibt nur zwei gute Wege, Einschnitte zu machen – entweder, es wird Kurzarbeit geleistet, oder es werden Mitarbeiter entlassen.
2. *Versteckte Prämisse*: Bei Kurzarbeit machen alle in der Firma Einschnitte.
3. *Versteckte Prämisse:* Wenn Mitarbeiter entlassen werden, machen nicht alle in der Firma Einschnitte.
4. *Versteckte Prämisse*: Es ist am fairsten, wenn alle in der Firma Einschnitte machen.
5. *Versteckte Prämisse*: Es ist bei Einschnitten diejenige Alternative die beste, welche die Fairste ist.

Es waren also in dem noch relativ einfach aussehenden Argument gleich fünf Prämissen vorhanden, die gar nicht genannt waren. Ähnliches kommt häufig vor, wenn Sie ein Argument genauer unter die Lupe nehmen: Entweder aus schlichtem Versehen oder aus Effizienzgründen, da es auch Zeit und Mühe kostet, jedes Detail des Arguments darzulegen, passiert es schnell, dass Prämissen, die eigentlich zum Argument dazugehören, gar nicht genannt werden. Freilich kann man auch annehmen, die Zuhörer oder Leser seien clever genug, sich die Zusammenhänge zu denken, sodass nicht jeder Teil des Arguments genannt werden muss. Versteckte Prämissen können auch einfach sehr banal klingen. Auf der anderen Seite ist es wie gesagt aber auch möglich, dass Prämissen bewusst versteckt werden, um die Schwächen eines Arguments zu verschleiern. Also ist es immer besser, sie zu nennen.

Bewusst täuschen lässt sich allerdings auch mit den Prämissen selbst, wenn sie nicht in ordentlicher Form sind. Eine Prämisse (ob versteckt oder nicht) sollte nämlich immer so formuliert werden, dass sie möglichst wenig Informationen enthält. Eine Prämisse besteht häufig aus zwei inhaltlichen Teilen, die entweder zwei Teile einer Definition sind, oder durch eine sprachliche Form wie „und“, „entweder ... oder“, „wenn ... dann“, „mit“ oder „durch“ verbunden werden. Kann eine Prämisse aufgespalten werden, in mehrere Prämissen, sollte das immer getan werden. Warum? Sie ist sonst nicht eindeutig genug. Zum Beispiel könnte man die oben genannten versteckten Prämissen Nummer 2 und 3 so „zusammenfassen“:

> *Prämisse*: Bei Kurzarbeit machen alle in der Firma Einschnitte, aber nicht, wenn Mitarbeiter entlassen werden.

Diese Prämisse mag auf den ersten Eindruck hin „praktischer“ wirken, als die zwei oben genannten Prämissen 2 und 3, aus denen sie zusammengefasst ist, da wir eine Prämisse zu „sparen“ scheinen. Die Konsequenz ist aber, dass der Inhalt der Prämisse unklarer wird: Die Gegenüberstellung der beiden Optionen „Kurzarbeit“ und „Entlassungen“ verschleiert nämlich die Frage, ob es überhaupt stimmt, dass bei Kurzarbeit tatsächlich alle, die in der Firma arbeiten, Einschnitte machen müssen. Diese Frage gerät in den Hintergrund, da es so offensichtlich scheint, dass die Einschnitte eindeutig ungerechter verteilt sind, wenn Entlassungen vorgenommen werden anstatt von Kurzarbeit.

Sie merken also, wie viel man schon bei der Formulierung der Prämissen tricksen kann. Es ist daher grundsätzlich „verdächtig“, wenn eine Prämisse lang aussieht, und daher wurden auch die versteckten Prämissen 2 und 3 oben einzeln aufgeführt. Das Argument ist mit den zusätzlichen Prämissen nun zwar vollständig, aber unzweifelhaft ist es noch nicht.

Grundsätzlich sollten Sie für Ihre Rede versteckte Prämissen immer suchen und auch nennen, soweit sie nicht völlig banal sind. Zum einen ist das eine gute Übung, das Umgehen mit Argumenten zu verbessern. Zum anderen wirken Argumente aber auch umso überzeugender, je mehr der Prämissen, die ihnen zugrunde liegen, genannt werden. Sobald das Argument (weitestgehend) vollständig ist, merkt das ein vorurteilsfreies Publikum so gut wie automatisch. Es ist keine besondere Geisteskraft dazu nötig, da gerade die verstecken Prämissen meist besonders simpler Natur sind. Das Nennen von versteckten Prämissen kann Argumente also fast wortwörtlich „einleuchten" lassen, da es Zweifel beseitigt, die auf Mangel von Information beruhen.

Als besonderen rhetorischen Trick können Sie sich die versteckten Teile Ihrer Argumentation vorher überlegen. Nennen Sie dann zunächst nur Ihre „offenen" Prämissen und machen Sie ganz normal Ihr noch unvollständiges Argument. Wenn dann Zweifel beim Publikum aufkommen, wirkt es besonders eindrucksvoll, wenn Sie diese sofort parieren können. Alternativ können Sie im Anschluss gezielt nach und nach die versteckten Prämissen nennen, um ihnen besonderen Effekt zu verleihen, gerade, da die Schlussfolgerungen bereits bekannt sind.

4.4. Gegenargumente und Verbesserung von Argumenten

Der Weg zur Verbesserung eines Argumentes, wie jenem des Vorgesetzten der Firma, führt nun dahin, es entweder zu vervollständigen und also die versteckten Prämissen aufzudecken, wie wir es oben getan haben, oder es können Gegenargumente hervorgebracht werden, die auf die Schwächen des Arguments verweisen. Und Schwächen weisen Argumente mit versteckten Prämissen meist auf, da dies oft keine echten Prämissen sind. Sie würden nicht von jedem im Raum sofort anerkannt werden. Vielmehr bräuchten diese versteckten Prämissen *selbst wiederum* Prämissen, welche sie belegen, sind also eigentlich dann versteckte Schlussfolgerungen.

Gegenargumente können, wie gesagt, direkt oder indirekt hervorgebracht werden. Es ist je nach Situation nicht immer ratsam, das Gegenargument vollständig zu nennen. „Indirekt" bedeutet hier also vor allem, dass Gegenargumente selbst natürlich auch häufig versteckte Prämissen enthalten. Im Grunde sind zum Beispiel Anspielungen aus Sicht der argumentatorischen Logik einfach versteckte Argumente. Sehen wir uns also auch für ein Gegenargument ein Beispiel an. Stellen wir uns vor, dass eine der Mitarbeiterinnen auf das Argument des Vorgesetzten reagiert. Sie macht dabei zum Beispiel das folgende Gegenargument:

1. *Prämisse*: Im letzten Geschäftsjahr haben die Vorgesetzten noch alle ihre Boni erhalten.
2. *Prämisse*: Wenn die Vorgesetzten ihre Boni erhalten, ist die wirtschaftliche Lage der Firma nicht allzu schlecht.

Schlussfolgerung: Die wirtschaftliche Lage der Firma kann zumindest bis vor Kurzem nicht allzu schlecht gewesen sein.

Zunächst einmal: Das Argument scheint sich rein technisch gesehen auf eine der Prämissen des Vorgesetzten zu beziehen – die Prämisse der schlechten wirtschaftlichen Lage der Firma, welche es anzweifelt. Allerdings bringt das Argument gleichzeitig auch einen Begriff ins Spiel, der vorher gar nicht genannt wurde: jenen der Vorgesetzten (und ihrer Boni). Von Vorgesetzten war vorher nicht die Rede, nur von „allen in der Firma" – zwischen Vorgesetzten und Angestellten wurde kein Unterschied gemacht. Da jetzt aber dieser Unterschied gemacht wird, scheint sich hier eine weitere Prämisse zu verstecken, oder sogar ein ganzes verstecktes Argument – eine Anspielung.

Das versteckte Argument lautet in etwa:

1. *Prämisse*: Die Vorgesetzten machen keine Einschnitte, wenn sie ihre Boni erhalten.
2. *Prämisse*: Die Mitarbeiter machen Einschnitte, wenn sie Kurzarbeit leisten.
3. *Prämisse*: Einschnitte sind nur fair, wenn alle in der Firma sie machen.

Schlussfolgerung: Es ist nicht fair, wenn die Mitarbeiter Kurzarbeit leisten, während die Vorgesetzten ihre Boni erhalten.

Die Mitarbeiterin greift also wohl eigentlich vor allem eine andere Prämisse des Vorgesetzten an – jene, dass alle in der Firma Einschnitte machen, wenn Kurzarbeit geleistet wird. Der Vorgesetzte ist wahrscheinlich nun etwas kalt erwischt, da er es wohl vermeiden wollte, die Boni anzusprechen (und daher die Mehrheit der Prämissen verschwiegen hat). Es ist wahrscheinlich, dass er nun einerseits eine Schwäche des Arguments der Mitarbeiterin angreift, andererseits aber Zugeständnisse macht, indem er sein eigenes Argument vervollständigt, und dabei sogar das versteckte Argument der Mitarbeiterin selbst aufgreift. Er muss jetzt wohl oder übel begründen, wie die Vorgesetzten auch Einschnitte machen.

Die Antwort des Vorgesetzten könnte also etwa so aussehen.

1. *Prämisse*: Die wirtschaftliche Lage der Firma hat sich dieses Jahr verschlechtert.

2. *Prämisse*: Alle in der Firma müssen angesichts der wirtschaftlichen Lage Einschnitte machen.
3. *Prämisse*: Alle in der Firma, das sind Mitarbeiter und Vorgesetzte.
4. Prämisse: Die Mitarbeiter können Einschnitte machen, indem sie Kurzarbeit leisten.
5. Prämisse: Die Vorgesetzten können keine Kurzarbeit leisten.
6. Prämisse: Die Vorgesetzten können Einschnitte machen, indem sie auf ihre Boni verzichten.
7. Prämisse: Die Vorgesetzten haben letztes Jahr noch ihre Boni erhalten.
8. Prämisse: Die Mitarbeiter haben letztes Jahr keine Kurzarbeit geleistet.
   1. *Schlussfolgerung*: Letztes Jahr mussten noch keine Einschnitte gemacht werden, da die wirtschaftliche Lage sich noch nicht verschlechtert hatte. Daher haben die Vorgesetzten ihre Boni erhalten.
   2. *Schlussfolgerung*: Da die wirtschaftliche Lage sich nun verschlechtert hat, verzichten die Vorgesetzten dieses Jahr auf ihre Boni, während die Mitarbeiter Kurzarbeit leisten sollen.

Der Vorgesetzte präzisiert hier also zunächst die erste Prämisse seines Eingangsarguments: Die Verschlechterung der wirtschaftlichen Lage ist erst dieses Jahr eingetreten. Daher wurden vorher auch die Boni noch ausgezahlt. Nun seien auch die Vorgesetzten, die (lassen wir die Gründe weg) keine Kurzarbeit leisten können, bereit, Einschnitte zu machen, indem sie dieses Jahr auf ihre Boni verzichten. Wenn die Mitarbeiter also gleichzeitig Kurzarbeit leisten, machen tatsächlich alle in der Firma Einschnitte, wie eingangs behauptet.

Das Argument erscheint nun weitgehend wasserdicht – auch dank der Hilfe der Mitarbeiterin. Sie müssen den Austausch von Argumenten also nicht immer als Streitgespräch sehen, sondern können ihn als ein gemeinsames Suchen nach der richtigen Lösung für ein Problem verstehen, oder als Sammeln, Prüfen und Zusammenbauen der Bestandteile eines logischen Gebäudes. Wenn Ihnen Ihr Gegenüber nicht völlig verschlossen gegenübersteht, können Sie das Argumentieren und die Widerrede auch als gegenseitiges Helfen bei der Suche nach der Meinung betrachten, die erwiesener Maßen korrekt ist, und die sie beide teilen. Mithilfe dieser Sichtweisen werden Sie nebenbei auch offener für Ihre Gesprächspartner und können daher eher mit Ihren Worten überzeugen.

4.5. Übungen

Übung 1

Bei den Übungen im letzten Kapitel haben Sie sich den Text einer historischen Rede angesehen, aber vor allem nach formalen Aspekten. Nun sehen Sie sich denselben Text noch einmal an. Diesmal aber an den inhaltlichen Gesichtspunkten orientiert. Wenden Sie dabei das an, was Sie in diesem Kapitel zum Thema Argumentation gelernt haben. Nehmen Sie sich zunächst einen Stift. Es ist besser, wenn Sie die Rede noch einmal ausdrucken, da Sie ja (hoffentlich) bereits mit detaillierten Markierungen versehen ist.

Markieren Sie nun in dem Text alle Prämissen und Schlussfolgerungen. Manche Schlussfolgerungen werden sicherlich weiterverwendet als Prämissen für den nächsten Teil des Arguments. Markieren sie diese doppelt. Wo wird ein anderes Wort für dieselbe Sache benutzt, also ein Synonym verwendet? Schreiben Sie alle Teile von Prämissen und Schlussfolgerungen heraus, die mehrmals vorkommen, und gesondert jene Teile, die nur einmal vorkommen.

Versuchen Sie nun, anhand der Teile von Prämissen, die nur einmal vorkommen, zu ermitteln, welche versteckten Prämissen es in dem Text gibt. Sind es sogar versteckte Schlussfolgerungen, also ganze eigene Argumente, die nicht genannt werden? Sie werden erkennen, dass auch diese historische Rede streng genommen wahrscheinlich nicht perfekt ist. Überlegen Sie, welche Gründe der Redner oder die Rednerin wohl gehabt haben mag, bestimmte Teile der Argumentation zu verschweigen. Sind es zeitliche Gründe, oder wird einfach ein bestimmtes Verständnis beim Publikum vorausgesetzt? Oder wird sogar bewusst etwas verborgen?

Ermitteln Sie die Struktur des Arguments: Was ist die am häufigsten genannte Prämisse und ist sie wirklich unbestreitbar? Oder war sie das nur in der gegebenen historischen Situation? Welche der Schlussfolgerungen stützt sich auf die meisten Prämissen? Ist dieses Argument auch wirklich das Hauptargument? Welche Schlussfolgerung wird am häufigsten genannt? Welche Schlussfolgerungen sind von der Logik gesehen am schwächsten, welche am stärksten?

Übung 2

Sehen Sie sich den Text der Rede an, den Sie bisher geschrieben haben. Lesen Sie noch einmal alles durch. Formulieren Sie dann die einzelnen Punkte Ihres Hauptteils aus und greifen Sie dabei gern auf die Mittel zurück, die Sie anhand der berühmten Rede kennengelernt haben.

Untersuchen Sie dann erst Ihren Hauptteil mithilfe von jenem, dass sie in diesem Kapitel gelernt haben. Markieren Sie die Prämissen und die Schlussfolgerungen. Ergeben sich wirklich alle Schlussfolgerungen aus den Prämissen? Bauen die Argumente aufeinander auf? Wo gibt es versteckte Prämissen? Sind die Prämissen und Schlussfolgerungen gut eingebettet in den restlichen Text?

Versuchen Sie dann, den Text noch einmal zu schreiben und diesmal bewusst gute, aufeinander aufbauende Argumente zu machen. Seien Sie nicht zu streng bei der Formulierung, damit die Rede nicht roboterhaft klingt, aber achten Sie darauf, an argumentativen Stellen immer dieselben Begriffe für dieselbe Sache zu verwenden. Prüfen Sie alle Schlussfolgerungen, und nehmen Sie gegebenenfalls eine Schlussfolgerung als Prämisse für das nächste Argument.

Achten Sie aber darauf, dass sich Ihr Skript nicht zu sehr auf Argumente konzentriert. Nach einer Schlussfolgerung sollte nicht sofort das nächste Argument kommen. Finden Sie alle versteckten Prämissen, aber fügen Sie nur jene hinzu, welche in dem Text inhaltlich Sinn machen.

Sie werden merken, dass Ihnen auf Basis dieser neuen Prämissen sogar weitere Argumente einfallen. Letztlich werden Sie höchstwahrscheinlich erkennen, dass sich Ihr Text enorm verbessert hat.

Schreiben Sie dann den Schluss Ihrer Rede. Versuchen Sie, den Inhalt des Hauptteils noch einmal zusammenzufassen und Ihre Rede abzurunden. Lesen Sie dazu gegebenenfalls noch einmal die wichtigsten Stellen in Kapitel

5. Die Stimme: Eine unterschätzte Waffe

5.1 Lautstärke, Sprechgeschwindigkeit und Tonhöhe

Die Stimme bietet eine fast beliebig große Bandbreite an Möglichkeiten, denselben Text unterschiedlich zu lesen und zu deuten, wenn Sie ihn vortragen. Wenige sind sich dieser Möglichkeiten bewusst, und noch weniger Menschen setzen sie bewusst ein, wenn Sie vor anderen Leuten sprechen. Es gibt einfach so viele andere Dinge zu beachten, wenn eine Rede gehalten werden soll, dass die Stimme häufig einfach unter den Tisch fällt. Es gibt aber eine Regel, die auch jeder Rhetorikneuling lernen kann, der vor Publikum sprechen soll, und die allein schon einen unheimlich großen Unterschied machen kann. Ob es um Lautstärke geht, das Tempo Ihres Vortrages, oder Ihre Stimmlage - entscheidend ist *Variation*.

Wir alle haben schon einmal erlebt, was es bedeutet, wenn jemand besonders monoton spricht. Selbst wenn das Gesagte noch so wichtig und interessant ist, nach einer Weile wird es immer schwerer, zuzuhören. Wenn die Stimme während eines Satzes nicht in einer gewissen Bandbreite von höheren und tieferen Tönen spricht, wirkt sie kalt, distanziert und gelangweilt. Niemand kann sich gegen diesen subjektiven Eindruck wehren. Ähnliches gilt aber auch für die Sprechgeschwindigkeit und die Lautstärke. Sind diese immer auf demselben Level, werden die Zuhörenden es langsam aber sicher leid, Ihnen zu folgen.

Aber bleiben wir zunächst einmal bei der Tonhöhe. Jeder Mensch hat einen Grundton, in dem er normalerweise spricht. Zwar geht die Stimme nach oben oder unten, aber dieser Ton liegt in der Mitte und bleibt immer Ihre durchschnittliche Tonhöhe. Sie sollten diese Durchschnittshöhe nicht ändern, solange Sie kein echter Stimmkünstler oder eine Stimmkünstlerin sind. Sie können aber die Variation erhöhen, indem Sie beim Vortragen an tiefen Stellen etwas tiefer gehen, als Sie normalerweise würden, und an hohen Stellen entsprechend etwas höher. Gehen Sie damit nicht zu weit. Wenn Sie den Eindruck haben, Sie würden ins Singen kommen, ist das ein Zeichen, dass Sie nicht höher bzw. tiefer gehen sollten.

Ihre Stimme geht im Allgemeinen am Ende eines Satzes nach unten und am Ende einer Frage bei den letzten Silben nach oben. Das geht automatisch, Sie müssen es also nicht extra üben. Sie können aber versuchen, am Ende von Aussagesätzen (mit einem Punkt) Ihren Ton etwas tiefer zu regeln als sonst, und entsprechend bei Fragen etwas höher. Allein das macht das Zuhören schon angenehmer. Ansonsten sollten Sie grundsätzlich aufpassen, gerade bei langen Sätzen den Ton zu variieren, dadurch fällt das Zuhören leichter und Sie werden einfacher verstanden. Auch, wenn Sie inhaltliche „Schwenke" in Ihrem Vortrag haben (zum Beispiel Wechsel zwischen eigener Position und Gegenposition, Vergangenheit und Gegenwart), sollten Sie die Tonhöhe deutlich verändern.

Eine einfache Regel für die Sprechgeschwindigkeit ist es, eher langsam zu beginnen, und zum Ende hin schneller zu sprechen. Damit sorgen Sie dafür, dass sich das Publikum zu Beginn gut auf Sie einstellen kann und den thematischen Anreiz (siehe Kapitel 3) besonders gut mitbekommt. Wenn Sie dann im Laufe des Redens langsam die Geschwindigkeit steigern, bauen Sie Spannung auf. Grundsätzlich sollten Sie aber einerseits die Sprechgeschwindigkeit dem Anlass anpassen. Bei feierlichen Gelegenheiten, auch und besonders bei Trauerfeiern, sollten Sie auf jeden Fall langsamer sprechen, als bei einer Präsentation in einem Konferenzraum.

Viele neigen dazu, vor Publikum geradezu automatisch schneller zu sprechen, als im Alltag. Verhindern Sie, dass Ihnen dies auch passiert, und zügeln Sie sich, wie gesagt, besonders zu Beginn. Bestimmten Passagen können Sie eine große Dynamik verleihen, indem Sie sie schneller sprechen. Aber das ist eben nur der Fall, wenn Sie vorher langsamer gesprochen haben. Grundsätzlich ist also, wie gesagt, Variation auch hier der springende Punkt. Selbst innerhalb eines einzelnen Satzes erzeugt es größere Aufmerksamkeit, wenn Sie einen Teil etwas schneller sprechen, und einen Teil etwas langsamer. Einfach nachvollziehbar ist, dass Sie wichtige Stellen eher durch langsames Sprechen betonen sollten, und bei Satzteilen, die nur grammatikalisch notwendig sind, das Tempo anziehen.

Beim Thema Lautstärke sollte zuerst das Missverständnis aus dem Weg geräumt werden, Sie würden beim Sprechen mehr Aufmerksamkeit erhalten, wenn Sie lauter sind. Dies mag für einen einzelnen Satz tatsächlich gelten. Wenn Sie aber über längere Zeit sprechen, wirkt gleichbleibendes lautes Sprechen anstrengend auf das Publikum (und ist auch anstrengend für Sie).

Erfahrene Rhetoriker wissen, dass mithilfe gerade eines eher leisen Einstiegs in eine Rede, oft eine höhere Aufmerksamkeit gesichert ist, als umgekehrt. Denn die Zuschauenden merken sofort, wenn sie Schwierigkeiten haben, Sie zu hören, und passen Ihre eigene Lautstärke typischerweise rasch an, während ein lauter Einstieg eher allseitiges Murmeln erzeugt.

Ähnlich wie beim Sprechtempo ist es also sinnvoll, tendenziell eher leise zu beginnen, und im Verlauf der Rede langsam die Lautstärke zu steigern. Seien Sie aber vorsichtig, und sprechen Sie immer mindestens so laut, dass ein stiller Zuschauer ganz hinten im Raum Sie problemlos hören kann. Die Größe des Raumes und die des Publikums sollten Sie natürlich ebenfalls beachten. Je größer diese sind, desto lauter sollte selbstverständlich Ihre Mindestlautstärke sein. Auch hier sollten Sie aber stets darauf achten, dass Sie variieren. Besonders wichtige Punkte können Sie natürlich mit erhöhter Stimmgewalt hervorheben. Wenn Sie eine Weile laut gesprochen haben, erhält umgekehrt aber gerade ein Satz, den Sie leiser aussprechen, besondere Aufmerksamkeit. Variation ist, wie gesagt, also auch hier der Schlüssel.

5.2 Tonfall und Pausen

Genauso wie die durchschnittliche Sprechgeschwindigkeit, die Mindestlautstärke und die mittlere Tonhöhe, sollten Sie sich auch des Tonfalls (nicht zu verwechseln mit der Tonhöhe!) Ihrer Rede bewusst machen, den Sie grundsätzlich in Ihrer Rede annehmen. Je nach Anlass kann dieser zum Beispiel heiter und feierlich oder andächtig sein, antreibend, aufrufend oder sogar hellseherisch, und natürlich auch locker, entspannt, oder sachlich sein. Wenn Sie diesen Ton gefunden haben, sollten Sie ihn bewusst nur an vorbestimmten Stellen wechseln, wo es besonders angebracht ist.

Eine mehr als nur leichte, eher harmlose Ironie oder Spott sollten Sie sich im Allgemeinen verkneifen, es sei denn, es handelt sich wirklich etwa um eine politische Rede, bei der es Ihre Aufgabe ist, das Publikum aufzustacheln. Ansonsten sollten Änderungen des Tonfalls möglichst natürlich, „von allein“ kommen, und das geht schlicht am besten, wenn Sie vorher Ihren Text üben und sich dabei merken, welche Stellen Ihrer Rede besondere Noten haben.

Für den richtigen Tonfall auf Ebene des Satzes ist es wieder besonders wichtig, sich in das Publikum hineinzuversetzen. Wenn Sie Überraschung beim Publikum über eine Erkenntnis, eine Tatsache, oder eine Idee erwarten, drücken Sie das mit Ihrem Tonfall aus! Es macht Ihren Vortrag lebhafter und lässt ihn spontan und anregend wirken. Gerade, weil alle wissen, dass Ihnen selbst die Informationen oder Argumente nicht neu sind, die Sie vermitteln, denn Sie zeigen Nähe zum Publikum, in das Sie sich mit Ihrer Stimme hineinversetzen. Wer die Zuhörenden auf diese Weise auf seine Seite nimmt, kann sie leicht für sich gewinnen.

Pausen erscheinen für Uneingeweihte gegebenenfalls nicht unbedingt ein wichtiger Bestandteil der Vortragskunst zu sein. Es handelt sich bei Pausen aber nicht einfach um Leerstellen in Ihrer Rede, die unnötig sind oder sogar vermieden werden müssen, im Gegenteil: Sie sollten sie sehr bewusst einsetzen, denn Pausen haben eine ganze Reihe von wichtigen Funktionen, auf deren Wirkung Sie nicht verzichten sollten.

Zunächst einmal dienen Pausen dazu, Ihre Gedanken zu sammeln. Gleichzeitig erzeugen sie aber auch verschiedene Wirkungen bei den Zuhörenden. Wenn Sie eine Pause machen, tun Sie nicht „nichts". Im Allgemeinen blicken Sie ins Publikum und nehmen die Zuschauer auf einer unverfänglichen zwischenmenschlichen Ebene mit, was Aufmerksamkeit erzeugt. In der Tat ist es sogar ratsam, soweit Sie sich das zutrauen, Ihre Rede nicht direkt mit der Begrüßung anzufangen, sondern mit einem ruhigen Blick ins Publikum (siehe nächstes Kapitel).

Eine weitere Funktion von Pausen ist es, für bessere Verständlichkeit zu sorgen. Nach etwas komplizierteren Stellen sollten Sie automatisch kurz pausieren, damit das Publikum in Gedanken folgen kann. Auch wichtige Punkte können Sie mit einer anschließenden Pause besonders betonen und in Erinnerung halten. Außerdem können Pausen dazu dienen, dass sich die Zuhörenden gegebenenfalls Notizen machen. Auch die Ordnungspause am Ende eines Sinnabschnittes Ihrer Rede dient dem besseren Verstehen (und erlaubt Ihnen, sich den Inhalt des nächsten Abschnitts ins Gedächtnis zu rufen).

Darüber hinaus haben Pausen aber auch eine dramatische Wirkung, wenn Sie sie richtig einsetzen. Wenn Sie vor der Auflösung einer Frage stehen, können Sie kurze Spannungspausen einsetzen, um das Interesse des Publikums noch weiter zu steigern und Ihrer „Enthüllung", welcher Natur auch immer sie sein mag, den gebührenden Reiz zu verschaffen. Für alle gezielt gesetzten Momente der Stille gilt: Genau wie alle anderen Mittel, die Sie vorher planen, sollten Sie sich auch Pausen gesondert in Ihrem Skript notieren, besonders zur Übung.

5.3 Übungen

Übung 1

Der Text Ihrer Rede sollte nun weitgehend dem entsprechen, was Sie vortragen werden. Machen Sie sich also daran, den mündlichen Vortrag vorzubereiten. Markieren Sie diesmal den Text der Rede nach performativen Gesichtspunkten: Wo ist es sinnvoll, Worte gesondert zu betonen? An welchen Stellen würden Sie lauter werden, an welchen vielleicht sogar leise sprechen, um einen besonderen Effekt zu erreichen? Wo ist es wichtig, Pausen einzulegen, und aus welchen Gründen? Markieren Sie auch die Passagen, die Sie schneller sprechen würden, und jene, bei denen Sie das Tempo verlangsamen.

Sprechen Sie den Text dabei schon einmal vor und ändern Sie Stellen, die sich gesprochen nicht gut oder zu kompliziert anhören. Markieren Sie in Ihrem Skript auch die Pausen – zum Verständnis, zur Gliederung, zur Betonung und am besten auch zum Erzeugen von Spannung. Zu guter Letzt: Welche Sätze, welche einzelnen Worte sind geeignet, einen besonderen Tonfall zu benutzen, etwa eine ironische Note?

6. Gestik, Mimik, und Körpersprache: Bewegen mit Bewegung

6.1. Gesten und Blick

Die Gestik dient beim Sprechen vor allem dazu, das Gesagte zu unterstreichen und zu untermalen. Indem Sie Ihre Worte mit den Händen begleiten, zeigen Sie, dass Sie selbst von dem Inhalt Ihres Vortrags angeregt sind. Auf diese Weise wecken Sie Interesse beim Publikum. Soweit Sie nichts zu verbergen haben und nicht allzu nervös sind, ist es so ziemlich immer am besten, wenn die Gestik von ganz allein kommt, also natürlich ist. Manchen fällt es aber schwer, in bestimmten Situationen die Hände einfach mit dem Gesagten mitgehen zu lassen. Allen kann es bei besonders abstrakten Themen oder bei großer Aufregung schwerfallen, diese eigentlich angeborene Art der Kommunikation zu zeigen. Daher ist es wichtig, „den Boden zu bereiten", damit die Gesten von selbst kommen.

Sie können Ihren Körper am besten zu seiner natürlichen Gestik einladen, indem Sie, soweit die Situation das erlaubt, aufrecht stehen. Achten Sie darauf, dass beide Füße fest auf dem Boden sind. Lehnen Sie sich nicht an, und verlagern Sie das Gewicht nicht zu weit auf einen Fuß. Nur so vermitteln Sie das Bild, dass Sie „ganz hier" sind und wortwörtlich „mit beiden Beinen auf dem Boden" stehen. Das Stehen ist für den Körper aber vor allem auch eine aktivere Grundhaltung als das Sitzen und bringt Sie automatisch eher dazu, sich zum Publikum zu richten, und es auch als Ganzes mit Ihren Gesten anzusprechen.

Es ist offensichtlich, dass ein Skript, das Sie mit beiden Händen halten, Sie in dieser Situation völlig einschränkt. Wenn Sie also über kein Podium oder Ähnliches verfügen, sollten Sie besser mit Karteikarten arbeiten. Sie sollten den Inhalt Ihres Vortrags immer so gut kennen, dass Sie das Skript nur beiläufig gebrauchen, denn auch das ständige Blicken auf den Text schränkt natürlich Ihre Gestik ein. Versuchen Sie, Ihre Hände zu Beginn des Vortrages locker auf Bauchhöhe zu halten, dann kommen sie hoffentlich von ganz allein in Bewegung.

Sie können natürlich, wenn Sie schon so weit fortgeschritten sind, dass Sie darüber nicht die Konzentration verlieren, versuchen, Ihre Gestik zumindest generell etwas zu steuern. Je positiver Ihre Aussage ist, desto höher sollten Ihre Hände gehen. Neutrale Aussagen kommunizieren Sie mit den Händen auf Bauch- oder Hüfthöhe, nur bei negativen Aussagen sollten sie weiter nach unten gehen. Einzelne, besonders einfallsreiche Gesten zur Untermalung, können Sie beim vorherigen Üben schon einmal einstudieren, der Rest kommt dann von allein, wenn Sie erst einmal beim Thema sind.

Wenn Sie Medien wie zum Beispiel Flipcharts oder eine Präsentation einsetzen, die mit dem Projektor an die Wand geworfen wird, betrachten Sie dies nicht als eine weitere Erschwernis, sondern auch als eine Möglichkeit, Ihrer Gestik auf die Sprünge zu helfen. Das Zeigen und Erklären von (nicht zu komplizierten!) Grafiken, Schaubildern, Fotos, Statistiken, etc. ist eine gute Abwechslung zum einseitigen Vortrag und macht Sie auch körperlich zum Mittler zwischen dem Publikum und den Inhalten. Achten Sie aber stets darauf, dass Sie dem Publikum zugewandt sind, und nicht Ihren Medien!

Außerdem gibt es freilich so etwas wie „schlechte Gestik“. Das sind Körperbewegungen, die sich gar nicht auf das Gesprochene beziehen, sondern auf den Gemütszustand des Sprechenden. Diese Gesten treten am ehesten zutage, wenn Sie besonders nervös, nachdenklich, in schlechter Stimmung, oder sonst irgend abgelenkt sind. Die Hand an der Stirn kann ausdrücken, dass Sie etwas anderes im Kopf haben, das Sie gern loswerden würden. Das Herumfummeln am Kragen zeigt, dass Sie unter Spannung stehen.

Sehr typisch sind aber vor allem bei Anspannung und Nervosität Gesten wie das Spielen der Finger miteinander und mit Gegenständen, oder die Finger an der Nase oder im Gesicht. Vermeiden Sie diese Signale nach Möglichkeit. Auch Ihre Körperhaltung kann negativ auf Ihren Gemütszustand hinweisen, was ein weiterer Grund ist, aufrecht zu stehen. Wie gesagt, sollten Sie sich nie anlehnen, da das sehr passiv wirkt. Gleiches gilt für Hände in den Hosentaschen. Auch diese Haltung wirkt sehr distanziert und sollte unter allen Umständen vermieden werden.

In Bezug auf die Mimik ist zu sagen, dass Sie natürlich dem Publikum grundsätzlich freundlich zugewandt sein sollten. Wenn Sie Begeisterung für das empfinden, was Sie sagen, sollte das vor allem im Einklang mit der Stimme weitgehend automatisch funktionieren. Wenn Sie umgekehrt die Mimik der

Stelle in Ihrem Text aufsetzen, wirkt es meist gekünstelt, es sei denn, Ihre Schauspielkunst ist derart ausgebildet, dass Sie Hinweise hier ohnehin nicht benötigen.

Was alle Vortragenden bewusst kontrollieren sollten, ist der Blick zum Publikum. Schon zu Beginn des Vortrages, bevor Sie die Leute überhaupt begrüßen, sollten Sie in Ruhe einen Blick über das Publikum schweifen lassen. Sie werden überrascht sein, wie schnell dies oft für plötzliche Aufmerksamkeit sorgt. Im Laufe Ihres Vortrages sehen Sie lieber wenig auf Ihr Skript, und schenken Sie stattdessen Ihren Blick den Zuhörenden, sonst wirken Sie verschlossen.

Viele Ratgeber empfehlen bestimmte Strategien für Ihren Blick ins Publikum, etwa die Reihen in Form eines W durchzugehen. Sie können das ausprobieren, aber diese Methoden können etwas roboterhaft wirken. Auch hier sollten Sie, soweit Sie sicher genug sind, eher Ihrer Intuition folgen, den Blick wie von selbst durch die Reihen gehen lassen, und einfach nur darauf achten, dass Sie nicht an die Wand starren, oder immer nur wenige einzelne Personen ansehen.

Der Vorteil daran, wenn Sie das Publikum im Blick haben, ist, dass Sie Reaktionen auf Ihre Worte sofort sehen und gegebenenfalls vor allem Ton, Lautstärke und Sprechgeschwindigkeit spontan anpassen können (siehe dazu das vorherige Kapitel). Das ist nicht nur im negativen Sinne gemeint, also, indem Sie versuchen, größere Aufmerksamkeit mit mehr Variation in der Stimme zu erzeugen, wenn Sie auf leere Gesichter treffen. Nein, umgekehrt passiert es auch, dass die Zuhörenden auf bestimmte Mittel etwa in Gestik und Stimme besonders positiv reagieren, und diese können Sie dann bewusst sofort öfter einsetzen.

6.1. Übungen

Übung 1

Sie haben in den letzten Kapiteln schon mehrmals an einer berühmten Rede aus der Geschichte gearbeitet. Letztes Mal haben Sie sich erstmals dem tatsächlichen Vortrag der Rede gewidmet. Aber erst jetzt kommt es erst wirklich darauf an, dass für die Rede auch ein Video verfügbar ist. Sehen Sie sich das Video noch einmal an.

Wie ist die Grundhaltung des Redners oder der Rednerin? Ist sie eher angespannt oder entspannt? Ist der Körper aufrecht oder gebeugt? Wie häufig wird auf das Skript geschaut? Ist es überhaupt erkennbar, dass eines da ist? Wo gehen die Blicke sonst hin? Sind die Augen unruhig, wandern sie langsam, fixieren sie unbestimmte Stellen oder sogar nur einen einzelnen Punkt?

Welche Mimik nimmt der Redner oder die Rednerin an? Was sagt sie über die Haltung zum Publikum aus? Verändert sich die Mimik im Laufe der Rede? Wo gibt es klare Gesichtsausdrücke, welche sich auf den Inhalt beziehen?

Wie deutlich ist die Gestik? Erscheint sie wild oder eher angemessen, kommt sie natürlich herüber, oder wirkt sie steif oder einstudiert? Nimmt das Gestikulieren im Verlaufe der Rede zu? Welche Distanz wird durch die Gebärden zum Publikum aufgebaut? Wirken sie einladend, eher abwehrend, oder sogar einpeitschend? Gibt es spezielle Gesten, die sich häufig wiederholen? Sind einige besonders auffällig oder detailliert und sind eindeutig mit der entsprechenden Passage im Skript verknüpft? Notieren Sie diese Stellen gesondert.

Übung 2

Halten Sie nun einfach mal Ihre Rede für sich selbst und achten Sie beim ersten Durchgang vor allem auf Ihre Stimme. Können Sie Ihre Notizen spontan umsetzen? Wo merken Sie, dass Sie Ihre Notizen nachbessern müssen? Sind Sie in der Lage, Tonlage, Sprechgeschwindigkeit und Lautstärke zu variieren, und sie zum Ende der Rede hin dramatisch etwas zu steigern? Ihnen werden außerdem sicherlich zusätzliche Ideen kommen, wie Sie den Vortrag gestalten und variieren können, an die Sie vorher nicht gedacht haben. Notieren Sie diese.

Halten Sie die Rede dann noch einmal – aber diesmal vor dem Spiegel. Besser noch: Zeichnen Sie die Rede mit einem Video auf, in dem zumindest Ihr Oberkörper und Kopf vollständig zu sehen ist. Achten Sie nun besonders auf Mimik und Gestik. Fangen Sie gleich an, oder müssen Sie sich erst aufwärmen? Wo sind Sie zu sparsam mit den Gesten, wo vielleicht zu hektisch? Stimmt das Timing der Gesten? Wirkt Ihre Miene überzeugend? Wie häufig müssen Sie auf das Skript schauen? Notieren Sie sich alles, worauf Sie achten müssen.

Üben Sie weiter Ihre Rede, bis Sie sich in allen Punkten sicher fühlen, und halten Sie sie zur Probe noch einmal vor einem Ihrer Freunde oder Verwandten. Wenn das klappt, sind Sie perfekt gewappnet für Ihren richtigen Auftritt!

7. Fazit

Rhetorik hilft Ihnen in vielen Situationen weiter, aber eine echte Rede will immer gut vorbereitet sein. Das heißt nicht nur, das Skript zu kennen, sondern auch, mehr über das Thema zu wissen, als im Skript steht, das Publikum und den Anlass zu kennen und den Vortrag entsprechend anzupassen. Es heißt aber auch, die Räumlichkeiten und die praktischen Bedingungen der Rede vorher abzuklären und alle technischen Details vorzubereiten.

Ihr oberstes Ziel sollte die Verständlichkeit Ihrer Rede sein. Denn nur, wenn man versteht, wovon Sie sprechen, gewinnen Sie Aufmerksamkeit und halten das Interesse auch über längere Zeit hinweg. Achten Sie also darauf, dass Sie einfache Sätze bilden, Fremdwörter sparsam einsetzen, Zitate verwenden und den Vortrag so interessant gestalten, dass Ihnen nicht ein Mangel an Aufmerksamkeit die Verständlichkeit raubt. Ein Weg zu mehr Aufmerksamkeit sind auch rhetorische Stilmittel. Durch diese Figuren können Sie Ihren Text nicht nur attraktiver gestalten, Sie können auch bewegen, überzeugen, und verstärken, was Sie sagen, wenn Sie diese Mittel richtig einsetzen.

Eine Rede besteht aus Einleitung, Hauptteil und Schluss, wobei die Einleitung vor allem dazu dient, die Zuhörenden aufzuwärmen für das, was folgen soll. Mit der richtigen Begrüßung haben Sie das Publikum auf Ihrer Seite, durch einen thematischen Anreiz schaffen Sie Interesse, und mit Plan und Ziel geben Sie eine Übersicht darüber, was das Publikum erwartet. Der Hauptteil ist vor allem dazu da, Ihre inhaltlichen Punkte zu nennen, und sollte klar strukturiert und nicht zu lang sein. Am Schluss wird zusammengefasst und das Gesagte auf möglichst spannende Weise abgerundet.

Argumente sind selbst bei Reden zu festlichen Anlässen die ideale Methode, das Publikum zu überzeugen – von sich und Ihren Aussagen. Ein Argument besteht aus mindestens zwei Prämissen, denen alle im Raum zustimmen würden, und einer Schlussfolgerung, die sich daraus logisch ergibt. Durch genaue Formulierung und Verwendung derselben Begriffe sowie durch Vervollständigung können Argumente verbessert werden. Gegenargumente müssen nicht immer negativ gesehen werden, sie können auf versteckte Prämissen und Schwächen im Argument hindeuten und helfen, es zu verbessern und zu vervollständigen.

Die Stimme ist für Ihren Vortrag von besonderer Bedeutung, da Sie Ihr Draht zum Publikum ist. Bei Lautstärke, Sprechtempo und Tonhöhe gilt es, ein dem Anlass und den Bedingungen entsprechendes Maß zu finden, aber nicht dabei zu bleiben. Variation ist hier der Schlüssel. Sprechen Sie generell zu Beginn eher langsam und nicht zu laut, und werden Sie zum Ende hin schneller und lauter. Nutzen Sie zwischendurch Änderungen in Tonhöhe, Lautstärke und langsameres Sprechen, um Dinge gesondert zu betonen.

Der passende allgemeine Tonfall Ihrer Rede ist wichtig, um von vornherein einen guten Eindruck zu machen und entspricht dem Anlass. Ja nach Inhalt des Satzes sollten Sie den Ton anpassen, aber mit aggressiven Mitteln wie Ironie und Spott sparen. Pausen sind ein weiteres gutes Mittel, Stellen in Ihrer Rede hervorzuheben, Ihre Rede zu gliedern, und auch, um sich und dem Publikum zwischendurch ein klein wenig Zeit zu geben, beispielsweise für das Publikum zum Verstehen inhaltlich schwieriger Stellen, oder für Sie zum gedanklichen Sammeln des Inhaltes.

Durch Gestik untermalen Sie Ihre Worte und beleben so Ihren Vortrag noch weiter. Achten Sie darauf, dass Sie nach Möglichkeit stehen und die Hände freihaben, um Ihre Gesten in Schwung zu bringen. Überlegen Sie sich besondere Gesten vorher, folgen Sie aber ansonsten einfach Ihrer angeborenen Neigung, das Gesagte mit den Händen zu begleiten. Vermeiden sollten Sie allerdings Gesten, die sich nicht auf das Gesagte beziehen, sondern Ihre Nervosität ausdrücken, so etwa das Spielen mit den Fingern oder die Hand im Gesicht. Unter keinen Umständen sollten Sie die Hände in den Hosentaschen lassen oder sich irgendwo anlehnen.

Ihr Blick sollte möglichst ständig dem Publikum gewidmet sein. Versuchen Sie, ihn auf natürliche Weise wandern zu lassen. Mit Ihrem Gesichtsausdruck können Sie das Gesagte weiter unterstreichen, achten Sie hier aber vor allem auf eine positive Ausstrahlung und passen Sie ansonsten einfach die Mimik der Stimme an. Das sollte automatisch passieren.

Wie Sie sicherlich bemerkt haben, kann die Rhetorik ihre Waffen dank ihrer Vielseitigkeit aus verschiedensten Quellen ziehen. Viele ihrer Stilmittel finden sich zum Beispiel in der Literatur wieder, einige ihrer Lektionen sind auch im Schauspiel besonders wichtig. Durch die Verwendung einleuchtender Argumente greift eine gute Rede aber auch auf die Logik zurück, und durch Aspekte wie Ton und Rhythmus sogar auf musikalische Elemente.

Wer also extrem versiert ist, wendet bewusst all diese Elemente an, sodass die Rede im Prinzip zugleich Poesie, Musik, Theater und sachliche Erörterung ist. Kein Wunder, dass eine gute Rede geradezu überwältigend auf das Publikum wirken kann. Sie müssen aber nicht unbedingt gleich überwältigen. Es reicht voll und ganz, wenn Sie mit Ihren Worten überzeugen. Wenn Sie dies erst einmal anhand einer richtigen Rede geübt haben, wird es Ihnen auch im Alltag immer besser gelingen.

Impressum

Tim Lange wird vertreten durch:

Instyle Supply and Control Limited

20th Floor, Central Tower, 28

Queen‘s Road, Central, HK

Coverbilder

[creativelog] | [Fiverr]

Haftung für externe Links

32394511R00033

Printed in Poland
by Amazon Fulfillment
Poland Sp. z o.o., Wrocław